电站金属材料光谱分析

林介东 李正刚 何中吉 杨厚君 胡平 编著

中国电力出版社

CHINA ELECTRIC POWER PRESS

内 容 提 要

光谱分析是利用特征光谱研究物质结构或测定物质化学成分的方法，是一种古老的分析手段，随着仪器和分析方法的完善，其应用越来越广泛。

本书根据电站金属材料及合金的特点，介绍了光谱分析的基本原理和特点、原子发射光谱的形成及分析方法、金属材料的基本知识及锅炉、汽轮机主要部件用钢等，分析了电站金属材料主要合金元素看谱分析图谱与标志，并对电站金属常见钢号的验证方法和注意事项进行了重点阐述，最后所附的光谱彩色图谱可作为光谱检验人员现场分析的重要参考资料。

本书可作为电力工业理化检验人员资格考核的光谱分析培训教材，可供电力行业光谱检验人员和相关管理人员使用，还可供质量监督、机械、石油、化工、冶金、煤炭及其他有关行业技术人员参考。

图书在版编目（CIP）数据

电站金属材料光谱分析/林介东等编著 . —北京：中国电力出版社，2010.4（2022.8 重印）
ISBN 978-7-5083-9925-6

Ⅰ.①电⋯ Ⅱ.①林⋯ Ⅲ.①电站-金属材料-光谱分析 Ⅳ.①TG115.3

中国版本图书馆 CIP 数据核字（2010）第 000519 号

中国电力出版社出版、发行
（北京市东城区北京站西街 19 号 100005 http://www.cepp.sgcc.com.cn）
廊坊市文峰档案印务有限公司
各地新华书店经售

*

2010 年 4 月第一版 2022 年 8 月北京第七次印刷
710 毫米×980 毫米 16 开本 11.75 印张 205 千字
定价 **53.00** 元

「 前 言 」

随着电力工业的发展，高煤耗、高污染、低参数、小容量的发电机组逐渐被淘汰，发电机机组单机容量由 600MW 提高到 900～1000MW，蒸汽参数也由亚临界压力提高到超临界或超超临界压力，制造锅炉、汽轮机承压部件所采用的金属材料等级也越来越高。近年来，因为金属材料"材质错用"现象引起承压部件早期失效的例子屡次发生。为避免"材质错用"现象的出现，保障电力设备的安全运行，国家发展改革委电力行业的相关标准、规程都明确规定了电力设备金属部件在制造、安装、检修及老旧机组更新改造中必须对所用合金材质的零部件进行全面的材质复查，以确保发供电设备金属材料的材质符合设计要求。

光谱分析是电力设备金属材料材质检查不可缺少的重要分析手段。目前，由于电力设备金属材料等级越来越高，材料的合金化元素越来越复杂，相应给光谱分析人员提出了更高的要求。光谱分析人员一方面必须熟练地掌握光谱分析基础理论和技术知识，另一方面还应充分了解现场光谱检验工作常见问题并掌握解决办法。为了对电力设备金属光谱分析方法和过程进行规范化管理，保证光谱分析结果的一致性和可靠性，电力行业光谱分析人员要求做到持证上岗；相应地，全国电力工业理化检验人员资格考核委员会每年都各举办一期光谱检验员（高级）取证班和换证班，各省（市）电力工业理化检验人员资格考核委员会也不定期举办光谱检验员（普通级）取证班和换证班，培训对象包括科研院所、发电厂、电力建设单位、质量监督行业等相关人员。本书是应中国电力行业电力锅炉压力容器安全监督管理委员会文件（锅监委〔2005〕6 号）要求，在电力工业光谱检验人员资格考核培训教材的基础上编写而成的。本书资料翔实，图文并茂，集启发性、操作性、实用性于一体，无论是对光谱检验人员还是管理人员，都具有重要的指导意义和参考价值。

　　本书的编写得到了中国电力企业联合会标准化中心杜红纲、朱志强处长的大力支持，全国电力工业理化检验人员资格考核委员会委员兼秘书长李益民教授对本书进行了审核，并提出了很多宝贵意见，在此表示感谢！

全国电力工业理化检验人员　　林介东
资格考核委员会副主任

2009 年 12 月

目 录

第一章

「光谱分析概论」

第一节 光谱分析的基本原理

一、光谱与光谱分析

光波是一种电磁波，具有波粒二象性。它们以横波形式向空间传播；在真空中，无论什么光都具有相同的传播速度，光速等于频率与波长的乘积。按照光的性质，可将光分为自然光、偏振光、单色光、复合光、相干光和散射光。

（一）光与光谱

1. 自然光与偏振光

光是一种电磁波，而电磁波又是一种横波，即振动方向和传播方向相互垂直的波。光波是用相互垂直的电场强度 E 和磁场强度 H 来表征的。在光源中，大量原子或分子发光是无规则的，其电矢量 E 或磁矢量 H 在振动平面内以一切可能的方向、相同的振幅振动，这种光称为自然光。自然光是具有一切可能振动方向的许多光波的总和，这些振动方向是同时存在或迅速无规则地互相代替的，这一总和在统计上对于光线是对称的，它的特点是振动方向的无规则性，在各个方向观察效果都一样。自然光是非偏振光。非偏振光可以描述为两个正交的、振幅相同但相差随时间变化的平面偏振波重叠的结果。

如果电矢量 E 在振动平面内只沿一个方向振动，则这种光称为偏振光。振动方向 E 与传播方向 v 所组成的平面称为振动面；磁矢量振动方向 H 与传播方向 v 所组成的平面称为偏振面。这种偏振光也叫平面偏振光或称线偏振光。

由非偏振光得到偏振光的装置称为起偏镜，用线性起偏镜可得到平面偏振光。起偏镜的原理基于下列四种现象之一：吸收、反射、散射和线性双折射。常用的 Polaroid 片含有可吸收垂直于偏振方向的非偏振光组分的二色性物质，透过的光就是平面偏振光。

2. 单色光与复合光

具有确定频率（或波长）的光称为单色光。在光源中，大量原子或分子发光是具有各种频率和相位的，这种具有各种频率的光称为复合光。复合光可以通过色散元件获得具有一定频带宽度的单色光。理想的单色光是一条几何线，但理想的单色光实际上是不存在的。通常所说的单色光是指频率范围很窄的单色光，如激光就是一种纯度较高的单色光。

3. 相干光与散射光

光波是具有可叠加性的。具有相同频率、相同振动方向、相等相位或相位差保持不变的两列光波称为相干光。相干光在某处相遇就会产生干涉现象而出现干涉花纹，干涉花纹是相干光在相遇处电矢量 E 的叠加结果。显然，同一光源两个不同部位产生的光不是相干光，只有利用同一光源、同一部位发出的光，并通过某些装置后才能获得相干光。光波通过非均匀介质传播时，其传播方向发生了改变，在光波传播方向的旁侧可以观察到的光称为散射光。介质均匀性越差，光散射越严重；波长越短，散射光越强。

光的辐射实际上是电磁辐射，光谱或波谱是按照频率或波长顺序排列的电磁辐射。电磁辐射包括无线电波（或射频波）、微波、红外线、可见光、紫外线、X 射线、γ 射线和宇宙射线，这些统称为电磁波。由电磁波按频率或波长有序排列的光带（图谱）称为光谱，光谱实际上是电磁波谱。电磁波谱可以按波长分为射频波谱、微波波谱、光学光谱、X 射线光谱和 γ 射线光谱等。光学光谱又可分为紫外光谱、近紫外光谱、可见光谱、近红外光谱、红外光谱区和远红外光谱等。

（二）光谱分析及其种类

各种物质的辐射都直接反映物质的结构，也即是说，各种结构的物质都有自己的特征光谱。因此，根据物质的特征光谱，可以研究物质的结构和测定物质的化学成分。这种利用特征光谱研究物质结构和测定化学成分的方法，统称为光谱分析。因此，光谱分析是指应用光谱学的原理和实验方法分析物质的化学成分。

基于测量物质的光谱而建立的分析方法称为光谱分析法。根据获得光谱的方式，光谱分析方法一般可分为发射光谱法、荧光光谱法、吸收光谱法和拉曼散射光谱法等基本类型。

发射光谱是物质的分子或原子在外能（热能、电能、光能、化学能或生物能）作用下，由低能态过渡到高能态（即激发），然后自发跃迁到低能态时辐射（辐射跃迁）所得到的光谱。如果物质的激发是由于吸收光子引起的，那么所得到的光谱即为荧光光谱，荧光光谱是分子或原子的光致发光。吸收光谱则是由于物质的分子或原子吸收辐射能，由低能态过渡到高能态，使入射辐射能减小所得到的光谱。拉曼光谱基于分子对入射光的散射，是物质对辐射能选择性地散射得到的，它与一般散射（只改变方向）不同，拉曼散射不仅改变辐射传播方向，而且还使辐射波长（或频率）发生变化。

二、电磁波与电磁波谱

光波是一种电磁波，因此光具有波动性（干涉、衍射、偏振显示）和粒子性（光电效应、康普顿效应）。

1. 光的波动性

光的波动性常用三个基本参量来描述，即波长（λ）、频率（υ）、光速（c），三者之间的关系为

$$\lambda = c/\upsilon \tag{1-1}$$

光在真空中的传播速度为 3×10^{10} cm/s。由于 c 一般是常数，因此光的波长越短，频率越高；反之，光的波长越长，频率越低。

在光谱分析中，波长单位过去常用 Å（读作埃），现国际计量波长的单位为 nm（纳米），在红外光谱区常以 μm（微米）为单位。各种波长计量单位之间的换算关系为

$$1m = 1000mm = 10^6 \mu m = 10^9 nm = 10^{10} Å$$

所以，$1nm = 10^{-9}m = 10Å$，$1Å = 10^{-10}m$。

光的传播速度极快、频率极高，所以又有用波数（$\bar{\upsilon}$）表示的。频率（υ）的单位是 Hz（1/s），表示在给定时间内通过空间某一点波的数目；波数（$\bar{\upsilon}$）表示单位长度内所含波的数目，单位是 1/cm；波长（λ）表示相邻两波峰之间的长度，单位是 cm，由定义可知，波数应为波长的倒数。频率、波长和波数三者之间具有下列关系

$$\bar{\upsilon} = \frac{1}{\lambda} = \frac{\upsilon}{c_m} \tag{1-2}$$

式中 c_m——光在介质中的传播速度。

2. 光具有粒子性

光是一种不连续的粒子流，这种粒子流称为光子。不同频率（υ）的光子具有不同的能量（E），其关系为

$$E = h\upsilon \tag{1-3}$$

式中 h——普朗克常数，其值为 6.626×10^{-34} J·s（焦耳·秒）。

能量的单位有电子伏特（eV）、焦耳（J）和卡（cal）等。电子伏特（eV）表示一个电子在真空中通过 1V 电位差所获得的动能。

因为电子电荷 $e = 1.602 \times 10^{-19}$ C，所以 $1eV = 1.602 \times 10^{-19}$ J。

$$E = h\upsilon = hc/\lambda = hc\bar{\upsilon} \tag{1-4}$$

式中　h——普朗克常数；

　　　υ——频率；

　　　$\bar{\upsilon}$——波数；

　　　c——光速。

3. 电磁波谱

电磁波按波长或频率的有序排列，称为电磁波谱。不同波长的电磁波谱具有不同的能量，它由原子或分子内部的运动所产生。常用光谱分析法电磁波波长见表 1-1。

表 1-1　　　　　　　　　　常用光谱分析法电磁波波长

波谱区名称		波长范围	跃迁能级类型	分析方法
γ 射线		0.000 5~0.14nm	原子核能级	放射化学分析法
X 射线		0.01~10nm	内层电子能级	X 射线光谱法
远紫外光		10~200nm	价电子或成键电子	真空紫外光度法
光学光谱区	近紫外光	200~400nm	价电子或成键电子能级	紫外分光光度法
	可见光	400~756nm	价电子或成键电子	比色法、可见分光光度法
	近红外光	0.756~2.5mm	分子振动能级	近红外光谱法
	中红外光	2.5~50mm	原子振动/分子转动能级跃迁	中红外光谱法
	远红外光	50~1000mm	分子转动、晶格振动能级跃迁	远红外光谱法
微波		0.03~100cm	电子自旋、分子转动能级跃迁	微波光谱法
射频（无线电波）		1~1000m	磁场中核自旋能级跃迁	核磁共振光谱法

电磁波产生的机理不同，与物质的相互作用也有显著差别。电磁波谱按照能量高低可分为以下三个部分。

（1）短波部分：包括 γ 射线和 X 射线。γ 射线的能量最高，它产生于核反应；X 射线产生于原子内层电子能级跃迁。

（2）中间部分：包括紫外线、可见光和红外线，统称为光学光谱。它们与原子和分子的外层电子的能级跃迁，以及分子的振动和转动能级跃迁相对应。一般所说的"光谱"仅指光学光谱。由于波长小于 200nm 的光线被空气吸收，因此有时称真空紫外光谱，而原子和分子能级跃迁得到的光谱，分别称为原子光谱和分子光谱。

（3）长波部分：包括微波和射频波，习惯称为波谱。它能量低，适用于研究间隔很小的能级跃迁，如电子和原子核自旋分裂能级跃迁（顺磁共振和核磁共振）。

电磁波的不同分类方法如下：

（1）按波长区域不同分为远红外光谱、红外光谱、可见光谱、紫外光谱、远紫外光谱。

（2）按光谱的形态或强度随波长（或频率）分布轮廓不同可分为线状光谱、带状光谱、连续光谱。线状光谱是原子发射或吸收的波长间隔较大的不连续的辐射；带状光谱是分子发射或吸收的波长间隔较小的不连续的辐射；连续光谱没有锐线或分立的谱带，它是由炽热的固体和液体、高压气体、电子离子复合或激发态分子解离等发射或吸收的一定波长范围内的连续的辐射。线状光谱和带状光谱是物质的特征光谱，分别由一些分立的谱线和多条波长（或频率）相接近的谱线形成的谱带组成；连续光谱没有分立的谱线或谱带，是非特征光谱。

（3）按产生光谱的物质类型不同分为原子光谱、分子光谱、固体光谱。

（4）按产生光谱的方式不同分为发射光谱、吸收光谱、散射光谱。

（5）按激发光源的不同分为火焰光谱、弧光光谱、激光光谱、等离子体光谱等。

根据原子或分子的特征发射光谱来研究物质的结构和测定物质的化学成分的方法，称为发射光谱分析。发射光谱通常用火焰、火花、弧光、辉光、激光或等离子体光源激发而获得。发射光谱的波长与原子或分子的能级有关，在发射光谱分析中应用最广的是原子发射光谱分析。看谱镜分析、火焰光度分析都是原子发射光谱分析；等离子体发射光谱分析和激光显微光谱分析的出现，使原子发射光谱分析获得了新的发展。

三、原子光谱与原子光谱分析

1. 原子光谱分析的种类

原子光谱可分为原子发射光谱、原子吸收光谱和原子荧光光谱。这三种光谱均是线光谱，是基于原子外层电子的跃迁，其波长涉及真空紫外、紫外、可见和近红外光区。原子光谱分析（Atomic Spectrometry）有原子发射光谱分析（Atomic Emission Spectrometry，AES）、原子吸收光谱分析（Atomic Absorption Spectrometry，AAS）和原子荧光光谱分析（Atomic Fluorescence Spectrometry，AFS）三个分支。原子发射光谱分析是基于光谱的发射现象；原子吸收光谱分析是基于对发射光谱的吸收现象；原子荧光光谱分析是基于被光致激发的原子的再发射现象。

对于原子发射光谱分析，物质原子化和激发过程通常是在同一光源中进行的，例如一些热激发光源（电弧、火花、ICP 光源等），在高温作用下物质解离形成的原子在其各能级间有不同的分布，此时可由于自发跃迁而产生光辐射，形成原子发射光谱。

通常，原子发射出大量的原子及离子光谱，包括自远紫外至可见、近红外很广的光谱域，并有元素灵敏线可选作分析线。原子发射光谱分析法可同时作多元素测定，它几乎可以测定元素周期表中的全部元素，并且是一种灵敏、快速的分析方法。它应用范围十分广泛，不论是固态、液态还是气态样品都可以直接分析，是元素检测的一种重要手段。

原子吸收光谱分析，是利用物质的基态原子可以吸收特定波长单色辐射的光子，其吸收量的大小与物质原子浓度成比例的关系为基础的，采用的光源多是稳定的元素空心阴极灯或者无极放电灯。它们的光谱简单，一般可采用低色散率的光谱仪器。

原子荧光光谱分析，是基于自由原子吸收特定波长光子后激发至高能态，然后再跃迁返回至基态或低能态而发出的光辐射，这样的辐射称为荧光辐射。荧光辐射的强度除与自由原子的浓度成比例外，还随激发光强度的增大而增强。这种荧光强度很弱，但它没有一般热激发光源强的背景辐射，因而可以得到很低的检出限。原子荧光辐射谱线很少，可采用低色散率光谱仪器分出荧光谱线，甚至采用简单滤光片即可。原子荧光辐射对激发光波长的选择性很强，通常是逐个元素进行分析。原子荧光辐射有饱和效应，即当激发光强增大到一定的高值时，荧光辐射不再增强。

2. 原子发射光谱分析过程

原子发射光谱分析是根据自由原子（或离子）外层电子辐射跃迁得到的发射光谱研究物质的组成和含量，亦称发射光谱分析（过去常简称光谱分析）。一般包括两个过程，即光谱的获得过程和光谱的分析过程。为了得到光谱，须经过下列步骤：

（1）蒸发。把分析物转变为气态，并使其原子化（或离子化）及激发发光即为蒸发。蒸发需借助于光源（如火焰、电弧和火花等）来实现。

（2）分光。把发射的各种波长的辐射分散开成为光谱即为分光。分光由光谱仪的分光系统（如棱镜和衍射光栅等）实行。

（3）检测。对分光后得到的不同波长的辐射进行检测。这一步骤用检测器（如眼睛、相板及光电器件等）来完成。

由所得特征谱线的波长便可进行物质的定性分析；由所得光谱线的强度，便可进行物质的定量分析。

物质光谱的获得过程和分析过程可以分别进行，也可同时进行。前者属于摄谱分析法，即把物质的光谱预先记录在相板（感光板）上，然后在特定的仪器上测定光谱的波长和强度，以进行定性和定量光谱分析；后者属于目视及光电直读分析法，即直接用眼睛、光电管或CCD（Charge Coupled Device，全称为电荷耦合器件。它主要由一种高感光度的半导体材料制成，能把光线转变成电荷，然后通过模数转换器芯片将电信号转换成数字信号，数字信号经过压缩处理传到电脑上就形成所采集的图像）作为检测器，直接进行波长的观察及强度的测量，以进行定性和定量分析。

发射光谱仪器一般均包括光源、分光系统和检测系统三部分。发射光谱分析的过程及所用的主要仪器框图如图1-1所示。

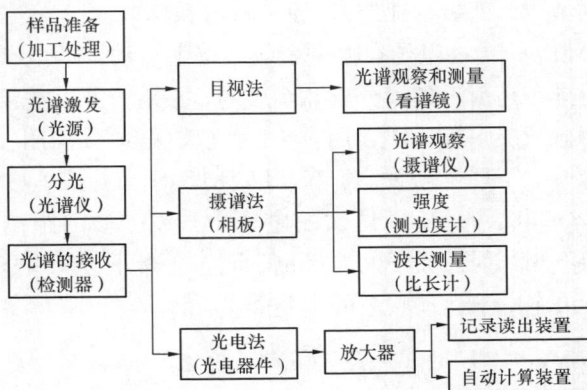

图 1-1   发射光谱分析的过程及所用的主要仪器框图

四、原子结构与原子光谱

物质是由原子或分子组成，原子和分子是产生光谱的基本粒子。原子光谱是由于原子核外电子在不同能级间跃迁而产生的光谱；分子光谱是在辐射能的作用下，分子内能级间的跃迁产生的光谱。

原子光谱是物质原子外层电子被激发而辐射的光辐射所组成的原子发射光谱。原子光谱与原子结构有着密切的联系。要掌握光谱分析的基本理论，就必须研究原子、分子的结构和内部运动状态。

（一）原子结构与运动状态

1. 原子结构层次

原子由带正电的原子核和围绕原子核旋转的带负电的电子组成。原子核又由中子和质子组成。一般情况下，原子中的质子数和电子数相等，故原子呈中性。

不同元素的原子核，核内质子数不同，所以各元素之间性质不同。

核外电子的运动并不是自由的，原子中每个电子都具有一定的能量，并且电子在原子核外是按能量的高低分布的。

2. 每个电子的运动状态

电子能量的高低与电子在核外的运动状态有关。

核外电子是由许多电子层（或主能层）组成的，每个电子层包含许多亚层或能级，而每个亚层又包含许多原子轨道，每个原子轨道又由两个分轨道组成，对每个电子在核外的运动状态，可用量子理论的四个量子数（n、l、m_l、m_S）来描述，分别称为主量子数、轨运动角量子数（或简称角量子数）、轨运动磁量子数（或简称磁量子数）及旋运动磁量子数（或简称自旋量子数），并分别用以标记电子层、能级（亚层）、原子轨道和分轨道。

（1）主量子数 n。描述电子在哪一个电子层上运动，即电子云的层次。因核外电子在空间排布是由近到远分成几个层的，或者说具有壳层结构。离核最近、能量最低的电子层叫第一层，用 $n=1$ 表示，再远分别用 $n=2,3,\cdots$ 表示第二，第三，⋯电子层。习惯上，K，L，M，N，O，P，Q 表示主量子数 $n=1$，2，3，4，5，6，7。不同层次的电子，与原子核的距离不同，也就是电子轨道的半径不同，因而原子的能量也不同。主量子数同电子与原子核之间的作用相关联，决定电子运动状态的主要能量，即

$$E = -\frac{Z^2}{n^2}R \quad (n=1,2,3,\cdots) \tag{1-5}$$

式中　Z——原子序数；

　　　R——里德伯（Rydberg）常数，$R=2.2\times10^{-18}$J 或 13.6 eV；

　　　n——可取任意正整数，其值越大，能量越高。

对于氢原子来说，原子序数 $Z=1$，由式（1-5）可见，n 越小，原子的能量越小，即原子所处的能级越低；n 越大，原子的能量越大，原子所处的能级越高，而且，能量越高，能级越密。当能量足够高时，能级几乎连成一片，并趋向一个固定的极限。超过了这个极限，电子就脱离原子体系，成为自由电子而出现连续能级。

（2）角量子数 l。描述电子云的形状，在同一电子层中运动的电子其能量也有一定差别，这种差别与电子云的形状有关，因此在同一电子层中又有可按能量高低划分成不同的能级或亚层，l 的取值为 0，1，2，3，⋯，与其相对应的电子云符号为 s，p，d，f，⋯，同一电子层中电子的能量顺序一般为 s<p<d<f<⋯。同一壳层中不同形状的轨道上的电子具有不同的角动量，因而原子

的能量状态也不同。角量子数反映了同一壳层中的电子还可能存在不同的电子云（轨道）形状，它同电子云的形状相关联，决定了电子在轨道上运动的角动量，即

$$P_l = \sqrt{l(l+1)}\,\frac{h}{2\pi} \quad (l=0,1,2,\cdots,n-1) \tag{1-6}$$

式中　h——普朗克（Planck）常数，$h=6.626\times10^{-34}\text{J}\cdot\text{s}$；

　　　l——从 0 到 $n-1$ 的正整数，共 n 项，就是说，每个 n 相同的电子层最多可有 n 个 l 不同的亚层或能级，l 值越大，能量越高。

（3）磁量子数 m_l。描述电子云在空间的伸展方向，m_l 的取值为 0，±1，$\pm2,\cdots$，$\pm l$，可见，对同一个 l 值有 $2l+1$ 个不同的 m_l 值。磁量子数同电子云伸展方向相关联，决定轨运动角动量 P_l 在外磁场方向的分量，即

$$P_{m_l} = m_l\,\frac{h}{2\pi} \quad (m_l=0,\pm1,\pm2,\cdots,\pm l) \tag{1-7}$$

$l=0$ 的 s 电子云，球形，$m_l=0$；

$l=1$ 的 p 电子云，三个不同相互垂直的伸展方向，$m_l=3$；

$l=2$ 的 d 电子云，有五个伸展方向，$m_l=5$；

$l=3$ 的 f 电子云，有七个伸展方向，$m_l=7$。

（4）自旋量子数 m_S。描述电子的自旋，m_S 的取值为 $\pm\frac{1}{2}$，即每个电子的原子轨道只可能有两个分轨道，或者说电子自旋只有顺时针和逆时针两个方向。同一壳层、同一轨道，由于电子自旋的动量的方向不同，原子的能量也有较小的差别，这种较小的差别，使原子的能级具有精细结构。

决定电子自旋运动角动量 P_{mS} 在外磁场方向上的分量，即

$$\left.\begin{array}{l} P_{mS}=m_S\,\dfrac{h}{2\pi} \\[2mm] m_S=\pm S=\pm\dfrac{1}{2} \end{array}\right\} \tag{1-8}$$

实验证明，同一原子中不可能有两个电子具有完全相同的四个量子数，或者说同一原子中不可能同时存在两个运动状态完全相同的电子，亦即每个分轨道只能容纳一个电子。这就是著名的泡利（Pauli）不相容原理。根据这个原理，可以方便地推算出电子的每个原子轨道、每个能级（亚层）及每个电子层最多能够容纳的电子数目。每个轨道只能容纳 2 个电子，s 能级只有一个轨道，故只能容纳 2 个电子；p 能级有 3 个轨道，故可容纳 6 个电子；d 能级和 f 能级分别有 5 个和 7 个轨道，故最多可分别容纳 10 个和 14 个电子。例如，钠

原子核有 11 个正电荷，核外有 11 个电子，其核外电子分布为：$1s^2 2s^2 2p^6 3s^1$。

3. 多电子原子的量子数

以上只是原子核外每个电子的运动状态，对于多电子原子而言，情况就要复杂得多。所有价电子的轨道角动量之间存在着耦合作用，因此多电子原子的量子数与单电子的量子数（除主量子数外）在物理意义上有所不同。

（1）总角量子数 L。总角量子数 L 等于每个电子的角量子数 l 的矢量和。

$$\vec{L} = \sum_i \vec{l}_i \quad (i = 1, 2, 3, \cdots) \tag{1-9}$$

对于外层有两个电子的情况，总角量子数 L 的取值为：$(l_1 - l_2) \leqslant L \leqslant (l_1 + l_2)$。

（2）总自旋量子数 S。每个电子的自旋量子 $S = \dfrac{1}{2}$，在一个原子内，外层各个电子的自旋方向或者相互平行，或者相互反平行，这样，总自旋量子数 S 的取值为：

S=0，1，2，3，4，…（价电子为偶数）；

S=1/2，3/2，5/2，7/2，9/2，…（价电子为奇数）。

（3）总内量子数 J。总内量子数 J 表示整个原子的总轨道角动量 L 和总自旋角动量 S 耦合，即矢量和。总内量子数取值为：当 L>S 时，$(L-S) \leqslant J \leqslant (L+S)$，共 2S+1 个值；当 S>L 时，$(S-L) \leqslant J \leqslant (S+L)$，共 2L+1 个值。

显然，用四个量子数 n、L、S、J 可以推断原子中可能存在的电子组态。需要强调的是，除了价电子外，内层电子的总角动量和总磁矩都为零，因此原子可能存在的电子组态，只需考虑价电子即可。另外，两个或多个价电子原子可能形成的能级中，除基态能级外，通常都是先考虑一个价电子被激发到上能级。两个（或多个）价电子同时被激发也有可能，但由于需要更大的能量，它们所形成的光谱一般不容易被观察到。例如，Ca 原子能级图就是一个价电子留在 4S 态，另一个价电子可能被激发到 3P、3D、4S 等态。

4. 价电子

在最外层轨道上运动的电子叫价电子。它们与原子核的结合力最不牢固，故极易受到外来作用的影响。对发射光谱来说，感兴趣的常是最外层电子，也称为光学电子。因为在进行光谱分析时，一般在激发光源的作用下，只是使组成样品原子中最外层电子受激发而发射光谱。

上面指出的几个量子数所规定的电子的运动状态，实际上也是电子的能量状态。因为电子的运动状态决定了它的能量状态，也代表了原子处于一定状态时所具有的能量，原子在不同状态下具有不同的能量，常用能级图表示。

（二）光谱项

原子结构理论认为，原子由原子核及核外电子组成。原子光谱是由最外层电子的跃迁所产生的。多电子原子的运动状态可以用量子数 n、L、S、J 来表示，当这些量子或多电子原子数的数值确定后，原子的运动状态即可确定。因此，可以利用一个包含有量子数 n、L、S、J 的符号来表示这种相应的运动状态，这个符号称为光谱项。核外电子的运动状态可用量子数来描述，光谱项是表述这些量子数的形式，其表示方法为

$$n^{2S+1}L_J$$

式中　　n——主量子数；

L——角量子数；

$2S+1$——光谱项的多重性；

J——内量子数。

例如，钠的 D 双线的光谱项为：

Na 589.0nm $\qquad 3^2S_{1/2} - 3^2P_{3/2}$

Na 589.6nm $\qquad 3^2S_{1/2} - 3^2P_{1/2}$

（三）原子能级图和光谱线的表示

1928 年，W. Grotrian 用图形表示一种元素的各种光谱项及光谱项的能量和可能产生的光谱线，称为能级图。在光谱学中，常常依能量高低的顺序，以图解形式表示原子所有可能状态的光谱项，称为原子能级图。通常纵坐标表示能量，并把基态光谱项（即能量最低的光谱项）的能量作为零，而以水平线表示实际存在的光谱项，即原子能级。

在原子的能级图上，水平线代表能级或光谱项，纵坐标表示能量，能量的单位为电子伏（eV）或波数（1/cm），它们之间的换算关系为

$$1eV = 8066/cm$$

在多数情况下，常用简化的能级示意图来表示谱线的跃迁关系。

（四）玻耳原子和氢原子光谱

1. 玻耳原子的量子论假设

玻耳关于原子结构量子论的基本假设可归纳为以下两条：

（1）原子只能存在一些不连续的稳定状态，这些稳定状态各有一定的能量 E_1、E_2、E_3，…。处于这些稳定状态中运动的电子虽然有加速度，也不会发生能量辐射。一切能量的改变，由于吸收或发射辐射的结果，只能从一个稳定状态过渡到另一个稳定状态的跃迁来产生，不能任意连续地改变。

（2）原子从一个能量为 E_n 的稳定状态过渡到能量为 E_m 的稳定状态时，它发射（或吸收）单色的辐射，其辐射频率为 υ_{nm}，即由式（1-10）决定

$$\Delta E = E_n - E_m = h\upsilon_{nm} = h\frac{c}{\lambda} \tag{1-10}$$

或

$$\bar{\upsilon} = \frac{1}{\lambda} = \frac{E_n - E_m}{hc} \tag{1-11}$$

式（1-11）称为玻耳的频率条件，其中基本的作用量子 h 称为普朗克常数，其值为 6.626×10^{-34} J·s，可见，光谱线波长取决于参加辐射跃迁的高低能级的能量差。

2. 氢原子光谱与能级图

为了对原子光谱与原子结构间的内在联系有一个形象化的理解，以氢原子为例，用图示的方式说明原子结构和原子光谱的关系。

根据玻耳的假定和量子化条件，氢原子在不同的轨道上运动，其能量是不相同的。在正常情况下，它处于能量最低的 $n=1$ 的轨道上。当原子受到辐射或高能粒子的碰撞等外界因素作用时，就吸收一定的能量而跃迁到某一个能量较高的状态上去。处于激发态的原子是不稳定的，电子能自发地过渡到能量较低的轨道，同时发出一个能量为 $h\upsilon$ 光子，其波数可由式（1-11）算出。原子从不同的较高能量的状态，过渡到同一能量绞低的状态时所发生的单色光同属于一个线系。例如，从 $n=2$，3，…轨道过渡到 $n=1$ 的轨道所发射的谱线属于赖曼系；从 $n=3$，4，…轨道过渡到 $n=2$ 的轨道所发射的谱线属于巴尔末系，以此类推，见图 1-2。一个激发到第 3 玻耳轨道的电子，可以先从 $n=3$ 的轨道过渡到 $n=2$ 的轨道，放出巴尔末系的第 1 条谱线，然后过渡到 $n=1$ 的轨道，放出赖曼系的第 1 条谱线；也可以直接过渡到 $n=1$ 的轨道，放出赖曼系的第 1 条谱线。

在某一时刻，1 个氢原子只能放出 1 条谱线，许多氢原子处于不同的激发态才能发出不同的谱线。通常在实验中都存在大量的不同能量的激发态原子，故可以同时观察到其全部发射光谱。

氢光谱是所有元素的光谱中最简单的光谱。在可见光区，它的光谱只由几根分立的

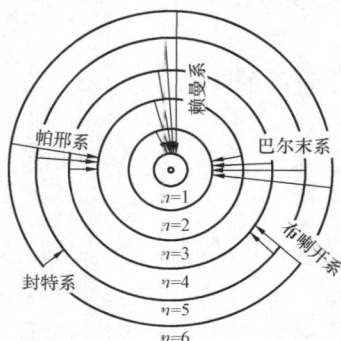

图 1-2　氢原子状态过渡图

线状谱线组成，其波长和代号见表 1-2。

表 1-2　　　　　　　　　氢 光 谱 谱 线 表

谱线	H_α	H_β	H_γ	H_δ	H_ϵ
编号（n）	1	2	3	4	5
波长（nm）	656.279	486.133	434.048	410.175	397.009

不难发现，从红到紫，谱线的波长间隔越来越小。$n>5$ 的谱线密得用肉眼几乎难以区分。1883 年，瑞士的巴尔末（J. J. Balmer，1825～1898）发现，谱线波长（λ）与编号（n）之间存在如下经验方程

$$\lambda = \frac{3646 \times n^2}{n^2 - 4} \qquad (1-12)$$

里德伯（Rydberg，1854～1919）把巴尔末的经验方程改写成如下形式

$$\bar{v} = \frac{c}{\lambda} = R_\infty c \left(\frac{1}{2^2} - \frac{1}{n^2} \right) \qquad (1-13)$$

常数 R_∞ 称为里德伯常数，其数值为（109 677.581 2±0.012）/cm。氢的红外光谱和紫外光谱的谱线也符合里德伯方程，只需将 $1/2^2$ 改为 $1/n_1^2$，$n_1=1$，2，3，4；而把后一个 n 改写成 $n_2=n_1+1$，n_1+2，…即可。当 $n_1=2$ 时，所得到的是可见光谱的谱线，称为巴尔末系；当 $n_1=3$ 时，得到的是氢的红外光谱，称为帕邢系；当 $n_1=1$ 时，得到的是氢的紫外光谱，称为赖曼系。

当电子第三、第四和第五能级跃入第二能级时，辐射线的波长分别为：$\lambda_1=656.279nm$、$\lambda_2=486.133nm$、$\lambda_3=434.048nm$，是可见光；当电子由第二、第三和第四级跃入第一级时，辐射线的波长为：$\lambda_1'=121.568nm$、$\lambda_2'=102.582nm$、$\lambda_3'=97.254nm$，是紫外线；最后，当电子由第四级和第五线跃入第三级，或由第五级跃入第四级时，所发射的是红外线。

以上是关于氢原子的能级，电子较多的其他原子的情形与之基本相同，当然，这些原子中具体情况要复杂得多。

为分析方便起见，常用不同高低的水平线（称为能级）表示不同的原子能量。用把两个能级连接起的线表示这两个能级之间发生跃迁时所辐射的谱线。

能级图的纵坐标表示能量，以电子伏特表示，右边以波数表示，水平线表示实际存在的各个能级（或称光谱项）。能级间的距离随着能级能量的增大而减小，当 n 趋于无穷大时，表示电子完全脱离原子核而电离。

以氢原子的能级图为例加以说明，见图 1-3。

一个原子具有许多个能级，其中最低的能级状态叫做基态（或常态）（为最下一条水平线）。电子处于基态的原子叫做基态原子，它是最稳定的状态。

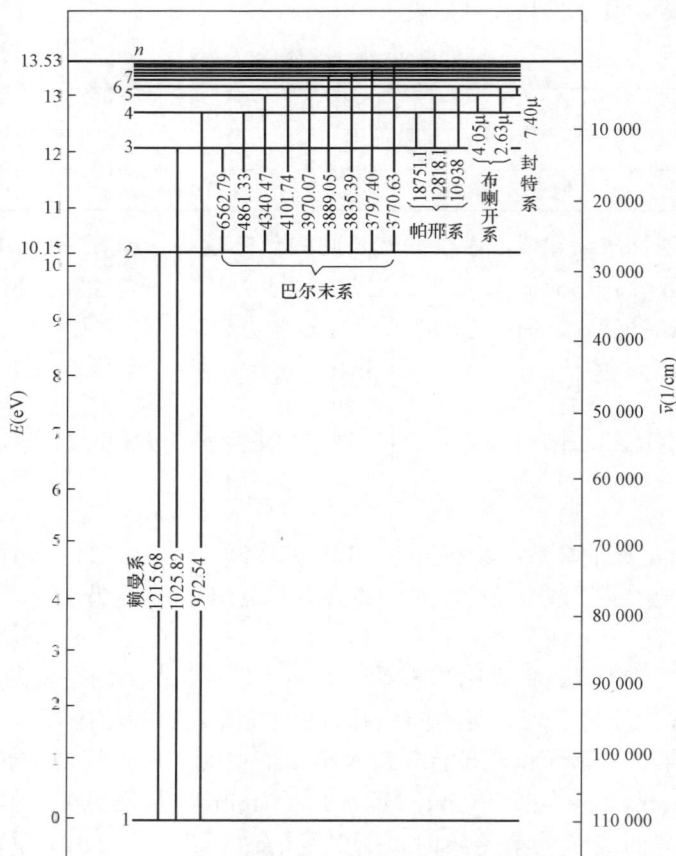

图 1-3　氢原子能级图

一般情况下，原子都处于这个稳定状态。

由于原子的电子能级是量子化的，因此放出的能量是具有确定数值的而不是连续的，这样就会辐射出一条具有一定波长的光谱线。所以，也可以说每条谱线的辐射都是由于原子中的电子从一个高能级向一个低能级跃迁的结果，因此，每条谱线的发射在能级图上可用一条连接两个能级的垂线来表示。显然，当电子在某两个能级之间跃迁时，必须要吸收或放出等于这两个能级之间能量差的能量。

3. 原子线和离子线

中性原子跃迁产生的谱线叫做原子线，旧称弧光线或电弧线，在谱线表及文献中以罗马字Ⅰ表示。离子（或称为离子化的原子）跃迁产生的谱线叫做离子线，旧称火花线。在高温下产生的离子与溶液中的离子不同，可以有 Al^+、Al^{2+}、Al^{3+} 等离子状态。M^+ 离子的谱线用罗马字 Ⅱ 表示，M^{2+} 离子的谱线用罗马字 Ⅲ 表示等。

（五）原子的辐射

1. 基态与激发态

正常状态下，原子中的电子在最低能级的轨道上运动。这时，原子处于最低的能量状态——基态。原子的基态是一种稳定状态。在外界的影响下，如果原子获得了能量，电子就处在较高能级的轨道上运动。这时，原子处于较高的能级——激发态。或者说，处于能量为零的能级的原子或能量最低的离子称为基态原子或基态离子；处于能量高于零的能级上的原子或离子称为激发态。电子由一个能级过渡到另一能级，称为跃迁。原子获得能量后，电子由低能级向高能级跃迁，称为激发。若当原子获得一定能量以后，一般情况下，原子中的价电子就会跃迁到较高的能级状态（即激发态）上，甚至获得更大的能量会使价电子脱离原子核而电离成离子。价电子处于激发态时的原子叫做激发态原子。

一般情况下，电子处于能量较高的激发态时原子不稳定，这种处于激发态上的电子要返回到能量较低的状态以求达到稳定状态。激发态原子很快（约 $10^{-8}s$）由高能级向低能级跃迁，电子就从高能量状态返回到低能量状态，即由激发态原子较变为基态或某种亚稳定态原子。这时原子的总能量降低了，下降的这部分能量常以电磁辐射形式释放出来，释放出光子，称为自发发射。

处于低能级的原子，当有一个频率恰好是 v 的光子趋近它时，这个原子将吸收这个光子而由低能级跃迁至高能级。这种辐射跃迁称为受激吸收（或简称吸收），其特点是原子在光的作用下激发，每个原子的吸收跃迁不是自发的，必须有外来光子的刺激。

2. 亚稳态

亚稳态是激发态的一种。一般的激发态原子平均寿命约在 $10^{-8}s$ 数量级，而有的原子在某些高能级比较稳定，可以停留较长的时间，这种能级称为亚稳态。处于亚稳态的原子有较长的平均寿命，达 $10^{-3}s$ 数量级。亚稳态原子不发生自发辐射跃迁，而是通过与别的粒子碰撞释放或吸收能量改变能级，然后才发生自发辐射跃迁。

原子由激发态向亚稳态跃迁，不释放光子，称为无辐射跃迁。在光的作用下，如果原子由亚稳态跃迁到低能级，释放出光子，则这种辐射跃迁称为受激发射，其特点是每个光子的发射不是自发的，必须有外来光子的刺激或感生，

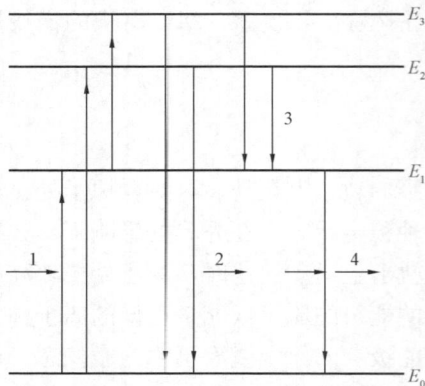

图 1-4　原子中的电子跃迁

E_0—基态；E_1—亚稳态；E_2、E_3—激发态

1—激发；2—自发发射；

3—无辐射跃迁；4—受激发射

受激发射的光子与外来光子的频率、传播方向、振动位相和偏振方向都完全相同。原子在亚稳态向低能级跃迁的几率很小，因而一般情况下受激发射很弱。

原子中的电子跃迁如图 1-4 所示。

3. 共振线

从激发态跃迁到基态或从基态跃迁到激发态所产生的谱线称为共振线，前者是共振发射线，后者是共振吸收线。同一元素相应的共振发射线和共振吸收线波长一致。每个元素有多条共振线，其中激发能最低的共振线是第一共振线。在共振线中，第一共振线的强度通常最大。共振线都有自吸特性。原子光谱分析中常选用共振线作分析线。

最低的激发态 E_1 向基态跃迁所辐射的共振线，激发其所需能量最低，易于激发，其谱线强度也最强。因此，该共振线又称灵敏线或最后线。最高的激发态相应于原子的电离，此激发能量称为电离能或电离电位。

4. 谱线的激发能和波长

谱线的波长取决于发生跃迁的两个能级之间的能量差，而谱线的激发能只是高能级的能量值（E_2）。显然要使原子激发，必须从外部把足够的能量交付于被激发的原子，这种能量的交付过程称为"激发"。

假设当电子由高能级向低能级跃迁时能量的改变为 ΔE，$\Delta E = E_2 - E_1$。其中：E_2 为某一高能级的能量，E_1 为某一低能级的能量，则高能级向低能级跃迁时能量必定与辐射出的光子的能量相等，即一定的电子跃迁必对应于一定波长光子的辐射。设辐射的电磁波的频率为 υ，波长为 λ，则电子由这个高能级向这个低能级跃迁时释放出的能量为

$$\Delta E = E_2 - E_1 = h\upsilon = \frac{hc}{\lambda} \tag{1-14}$$

式（1-14）中由于普朗克常数 h 和光速 c 均为常数，在能量单位采用电子伏特时，把 $h = 4.136\,2 \times 10^{-15}\,\text{eV} \cdot \text{s}$，$c = 2.997\,9 \times 10^{17}\,\text{nm/s}$，代入式（1-14），则有

$$\lambda = \frac{hc}{\Delta E} = \frac{1240.0}{\Delta E} \quad \text{(nm)} \tag{1-15}$$

由此可见，谱线的波长仅与原子中两能级之间的能量差有关。所以，只要知道两个能级之间的能量差，就可以求出电子在这两个能级之间跃迁时辐射的光的波长。

例如，已知钠原子基态和最低激发态之间的能量差为 2.1eV，可计算出电子在这两个能级之间跃迁时所辐射出的光谱线波长为

$$\lambda = \frac{1240.0}{2.1} = 590.48 \quad \text{(nm)} \tag{1-16}$$

由于一个原子中的电子能级数目是很多的，原子吸收了不同能量之后，电子就会跃迁到不同的激发态上，由不同的高能级向不同的低能级跃迁可以辐射出不同波长的谱线，所以一种元素所产生的谱线就有许多条。

注意，原子各能级之间的能量只能取固定值，所以辐射光谱的波长也只能是固定值。因此，对于某一原子来说，只能辐射某些固定波长的光。

这些不同波长的光由摄谱仪分光记录在感光板（或目镜上），就可得到这一元素的光谱。任一元素光谱的谱线虽然很多，但不是紊乱的，它们按照波长长短有序地分布着，并保持一定的强度比例。

5. 电离与离子光谱

如果赋予原子以足够大的能量，可以使外层电子脱离原子体系，分裂成自由电子和离子，这种现象称为原子的电离。原子分裂成一个电子和一个离子的过程，称为一级电离；一级离子再分裂成一个电子和一个离子的过程，称为二级电离；二级离子再分裂成一个电子和一个离子的过程，称为三级电离；多级电离，以此类推。使原子发生电离所需要的能量称为电离能，对应的电位差值称为电离电位。电离能以 eV 为单位，电离电位以 V 为单位。电离能和电离电位在数值上相等，因而习惯上常把电离能称为电离电位。元素的电离能或电离电位可以看作是最高激发能或最高激发电位的极限值。

离子也能被激发并辐射一定波长的光子，被激发的离子与被激发的原子一样，可以发射辐射。离子光谱与原子光谱也一样，都是线状光谱。同一元素的离子光谱与原子光谱是不同的。在电弧和火花光谱中，总是出现中性原子光谱和离子光谱，因为在这些光源所产生的蒸汽中，不仅有中性原子，还有离子存在。弧光光源发射的光谱中，原子谱线较多，离子谱线较少，因而原子线也称弧光线。火花光源发射的光谱中，原子谱线较少，离子谱线较多，因而离子线也称为火花线。在光谱学中，为了标明原子线和离子线，通常在元素符号后用

罗马数字 Ⅰ 表示原子线，Ⅱ 表示一级离子线，Ⅲ 表示二级离子线，如 SiⅢ455.30nm 是硅原子二级离子线。

五、谱线强度

显然，要使原子激发，必须从外部把足够的能量输入给被激发的原子。对原子输入能量的方法有如下 4 种：

（1）利用快速运动的电子、原子、离子或分子冲击待激发的原子，使这些粒子的动能变成激发原子的激发能量。

（2）利用激发原子和分子碰撞待激发的原子，使前者的激发能量转变为后者的激发能量。

（3）利用电磁辐射激发原子，使待激发的原子吸收光量子而获得激发能量。

（4）利用待激发原子参加化学反应（如燃烧），使待激发原子从化学反应所产生的能量中获得激发能量。

在原子发射光谱分析工作中，常用的电弧、火花光源中粒子间的相互碰撞对粒子间能量的传递起决定作用。电弧、火花、火焰的发光区域都是所谓的"等离子体"，其含义为：① 它是电子、离子、中性原子构成的一种混合体；② 从宏观上看，它的每一部分都是电中性的；③ 每一组成成分都以无规则的热运动占优势。在这种情况下，可以认为电子、原子、离子等均处于热平衡的等离子体中，形成一种各激发态间的平衡。

1. 波耳兹曼分布定律

谱线的产生是电子从高能级向低能级跃迁的结果，即原子或离子由激发态跃迁到基态或低能态时产生的。

首先，激发态原子的波耳兹曼分布可以这样理解：热激发光源中各种粒子的运动宏观上处于动态平衡中，这样的体系可以用统计热力学的方法来描述，称之为"局部热力学平衡体系"。一个元素有很多能级，这些能级包括基态和各种激发态。在温度 T 的光源中，分布在基态和各种激发态上的粒子数服从波耳兹曼（Boltzmann）分布。

在激发光源的高温条件下，若激发处于热力学平衡状态，则分配在各激发态和基态的原子数遵循统计热力学中的波耳兹曼分布定律，即

$$N_i = N_0 \frac{g_i}{g_0} \exp\left[\frac{-(E_i - E_0)}{kT}\right] \tag{1-17}$$

式中 N_i、N_0——单位体积内处于第 i 个激发态和基态的原子数；

　　　g_i、g_0——第 i 个激发态和基态的统计权重；

E_i——i 态激发能；

k——玻耳兹曼常数，其值为 1.38×10^{-23} J/K；

T——光源绝对温度。

玻耳兹曼定律说明：①温度 T 越高，越易把原子或离子激发到高能级，处于激发态的原子 N_i 越多，但由于 T 升高引起电离度增大，因此谱线强度不表现为单调增强；②温度一定时，激发电位越高的元素，激发到高能级的原子或离子数越少；③对同一元素而言，激发到不同的能级所需的能量是不同的。能级越高，所需的能量越大，激发能越大，即越难激发，激发到高能级的粒子数就越少，跃迁几率也相应地减少，谱线强度越弱。

2. 谱线强度

设电子在两个能级间跃迁的几率为 A，这两个能级的能量是 E_i 和 E_0，发射谱线的频率为 υ，则一个电子在这两个能级之间跃迁时所发出的能量为

$$\Delta E = E_i - E_0 = h\upsilon$$

共有 N_i 个原子处于第 i 激发态，故产生谱线的强度

$$I = N_i A \Delta E = N_i A h\upsilon \tag{1-18}$$

将式（1-17）代入式（1-18）中，则有

$$I = N_0 \frac{g_i}{g_0} A h\upsilon \exp\left[\frac{-(E_i - E_0)}{kT}\right] \tag{1-19}$$

式中 h——普朗克常数；

N_i——处在 i 能级的原子数；

A——原子由 i 能级跃迁到 0 能级的几率（每秒跃迁次数）；

υ——由 i 能级跃迁到 0 能级的辐射频率。

可以看出，谱线强度与下列因素有关：

（1）跃迁几率。A 是两能级间的跃迁在所有可能发生跃迁中的几率。

（2）激发能。激发态的能量越高，激发能（$E_i - E_0$）越大，此种状态的原子浓度越低，同时跃迁几率也越低，谱线强度越小。实验证明：激发能较低时，其谱线较强，由于激发到第一激发态时的激发能是该元素中激发能最小的，因此第一共振线往往是该元素的最强谱线。谱线强度随着激发态能级的高低不同，差别很大。

（3）统计数重。谱线的强度与激发态和基态统计数重之比（g_i/g_0）成正比。

（4）激发温度。激发温度对谱线强度的影响比较复杂，由式（1-15）可看出，温度 T 升高，谱线强度增大。但超过某一温度后，体系中电离的原子数目

增加，使原子线的强度逐渐减弱而离子线的强度增强。若温度再升高，一级离子线的强度也随之减弱。因此，每条谱线均有其适合的激发温度。

例如，铁光谱用火花激发时，由于火花激发源的能量高，因此离子浓度增大，相应的离子线较强。谱线强度与温度的关系如图 1-5 所示。

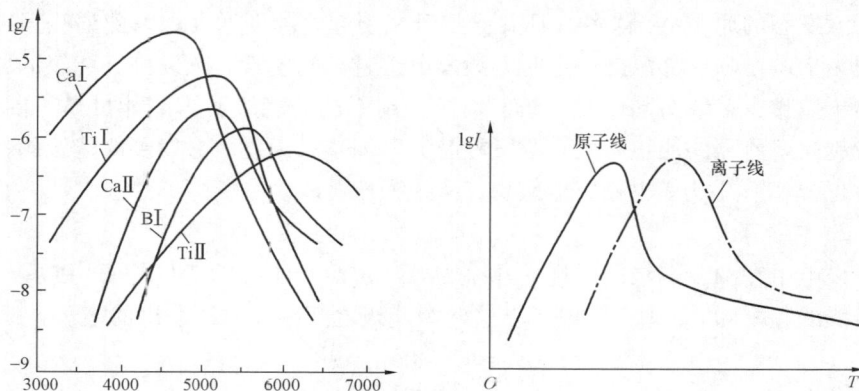

图 1-5　谱线强度与温度的关系

（5）基态原子数目。谱线的强度与基态原子数成正比。在特定的实验条件下，基态原子数目与试样中被测元素的浓度成正比。所以，谱线的强度与被测元素的浓度有一定关系，可进行定量分析。

需要说明的是，以上讨论未考虑自吸效应等因素的影响。试样中元素含量较低时（谱线无自吸时），影响谱线强度的因素可以从两方面考虑。一方面是试样的蒸发特性，它由试样中元素的含量与该元素进入光源等离子体的原子数目所决定，而进入等离子体的原子数目则受到试样类型和光源温度的影响；另一方面是谱线的激发特性，它是由光源温度、激发电位、统计权重、跃迁几率、辐射频率等决定。对于某一试样中确定的谱线来说，光源的温度是一个极其重要的因素，只有在合适的温度下，谱线的强度才有最大值。

温度越高，谱线强度也越大，但这只是在只有中性原子及一次电离离子热平衡的情况下才是这样。如果考虑等离子体中电离和去激发等过程，则谱线强度和激发温度的关系是很复杂的。实际上，不是温度越高谱线强度越大，而是对于某一元素的某一谱线有一最合适的温度，在此温度下，该谱线强度最大。

因此，在特定的环境下，可以说试样中被测元素的含量越大，进入光源的该原子总数越多，发出的谱线强度越强。

光谱分析技术就是从识别这些元素的特征光谱来鉴别元素的存在（即定性分

析），而且也从识别这些元素特征光谱的强度来判定元素的含量（定量分析）。

每种元素原子及离子激发后，都能辐射出一组表征该元素的特征光谱线。其中，有一条或数条辐射的强度最强，最容易被检出，称为最灵敏线。

六、谱线轮廓和谱线宽度

无论是发射光谱线还是吸收光谱线，实际上并不是严格的单色辐射。谱线强度方程中的波长 λ 或辐射频率 ν 都包含着一定的范围或宽度。当采用大色散、高分辨率光谱仪观察谱线时，可以看到不管是发射线还是吸收线，都不是几何线，而具有一定的轮廓与宽度。谱线轮廓是谱线强度随波长（或频率）的分布曲线，这是光谱物理学决定的，称为谱线的物理轮廓或本征轮廓，其宽度称为物理宽度。它与原子结构及光源的温度、场强有关，而与光谱仪无关。

不论是物理学理论上的谱线宽度还是光谱仪焦面上谱线的实际宽度，都是以峰值强度的一半所覆盖的波长范围或频率范围来度量，称为"半宽度"或"半峰宽度"，以 $\Delta\lambda$ 或 $\Delta\nu$ 标记，用以表征谱线轮廓变宽的程度，如图 1-6 所示。

引起谱线变宽的原因很多，下面主要讨论谱线的自然变宽、多普勒（Doppler）变宽、洛伦兹（Lorentz）变宽以及斯塔克变宽等。这些变宽是现今光谱分析光源中谱线变宽的几种主要形式。

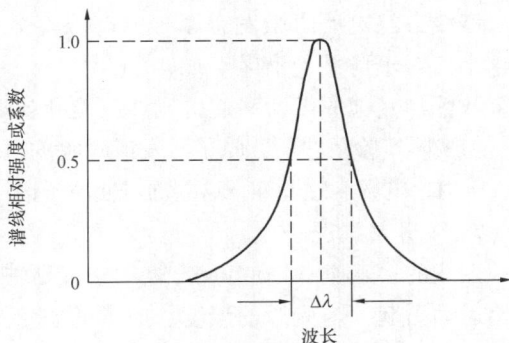

图 1-6　谱线宽度

1. 自然宽度

没有外界影响的谱线宽度称为自然宽度，它主要是由电子在原子内的振动受到阻尼而引起的。

按照量子力学原理，在微观世界中，若原子在能态 E 上平均时间为 δt，则有一个不确定的能量值 δE，δt 与 δE 之间的关系式为

$$\delta E \delta t \approx h/2\pi \tag{1-20}$$

测量所需时间 δt 大体等于该能级状态寿命 τ（$\delta t \approx \tau$），所以给定能级状态能量的不确定性 δE 为

$$\delta E = \frac{h}{2\pi\tau} \tag{1-21}$$

可见 τ 越大，即原子所处能级状态越稳定，δE 将越小。在各种能态中只有基态不产生辐射，寿命无限长，其能级宽度 $\delta E = 0$。若低能级为原子基态（或基态最低能级），则谱线宽度仅取决于上能级能量不确定性 δE_{u}，则相应的半宽度可近似表示为

$$\delta \nu_n = \frac{\delta E_u}{h} = \frac{1}{2\pi\tau} \tag{1-22}$$

或

$$\delta \lambda_n = \frac{\lambda^2 \delta E_u}{hc} = \frac{\lambda^2}{2\pi c\tau} \tag{1-23}$$

式中　$\delta \nu_n$、$\delta \lambda_n$——以频率和波长表示的自然宽度；

　　　　τ——激发态寿命（约 10^{-8} s）。

谱线自然宽度由激发态原子的有限寿命（10^{-8} s）来决定。寿命越长，宽度越小。对于可见光谱区（如 400 nm），$\delta \lambda_n$ 一般为 $10^{-6} \sim 10^{-5}$ nm。自然宽度这个数值与其他原因所引起的谱线变宽相比要小得多，可以忽略。

但实际实验条件下，原子激发或吸收的过程总受一定的外界条件影响，如温度、压力、电场、磁场等，这些均可使原子谱线的宽度变宽（达 10^{-3} nm 左右）。

2. 多普勒宽度

谱线的多普勒（Doppler）宽度由光源中原子相对于光谱仪观测方向的随机热运动引起，与光源的温度、原子的质量及谱线的波长等因素有关。

光源中原子群的热运动相对于光谱仪来说，运动方向是随机的，有的相向于光谱仪，有的相背于光谱仪，还有其他方向运动的原子，各方向的机会均等。

相向于光谱仪做热运动的原子使观测到的波长缩短（或频率增大）；相背于光谱仪做热运动的原子使波长增长（或频率减小），即谱线变宽，其半宽度为

$$\delta \nu_D = 2\nu_0 \left(\frac{2\ln2}{Mc^2}RT\right)^{\frac{1}{2}} = 7.16 \times 10^{-7} \nu_0 \sqrt{T/M} \tag{1-24}$$

或

$$\delta \lambda_D = 2\lambda_0 \left(\frac{2\ln2}{Mc^2}RT\right)^{\frac{1}{2}} = 7.16 \times 10^{-7} \lambda_0 \sqrt{T/M} \tag{1-25}$$

式中　R——气体常数，其值为 8.314 J/(K·mol)；

　　　　M——原子摩尔质量；

　ν_0、λ_0——谱线的中心频率和中心波长。

可见温度越高、原子量越小，相应的谱线越宽。谱线的波长越长，谱线宽度也越显著。火焰光谱和电弧光谱谱线宽度较低压气体放电光源光谱宽，是因为相应光源气体温度相对较高。谱线的多普勒宽度在 $1 \sim 8$ pm（1 pm$=10^{-3}$ nm）之间，它是决定谱线物理宽度的主要因素之一。

3. 碰撞宽度

正在发生辐射跃迁或吸收跃迁的原子同其他原子或分子相碰撞，会引起谱线变宽、中心波长位移和谱线轮廓不对称，与同种原子碰撞所引起的变宽称为共振变宽，与异类原子或分子碰撞所产生的谱线变宽称为洛伦兹变宽。

一般情况下，气态分析物原子密度与其他气体相比小得多，因而洛伦兹变宽效应常是主要的，其半宽度为

$$\delta\nu_L = \sigma_L^2 N \left(\frac{2RT}{\pi\mu}\right)^{1/2} \qquad (1\text{-}26)$$

或

$$\delta\lambda_L = \sigma_L^2 N \frac{\lambda^2}{c} \left(\frac{2RT}{\pi\mu}\right)^{1/2} \qquad (1\text{-}27)$$

其中

$$\mu = M_1 M_2 / (M_1 + M_2)$$

式中 σ_L^2 ——洛伦兹碰撞有效截面；

         μ ——碰撞粒子约化质量；

M_1、M_2 ——相互碰撞粒子的摩尔质量；

         N ——与原子相碰撞的其他气体原子或分子密度。

可见 N 越大（或压力越大），谱线将越宽，而 $\delta\lambda_L$ 受温度的影响与多普勒变宽相似。

4. 其他变宽效应

除了上面提到的变宽效应外，还有激发态原子与同种基态原子碰撞或受其强的静电场作用而引起的 Holtsmark 谱线变宽效应；电场引起光谱项及谱线分裂并造成强度中心频移的物理现象，称为斯达克（Stark）效应；原子核效应引起的谱线分裂，同样会使谱线"变宽"，但在原子光谱分析中，这种场致变宽和超精细结构变宽一般不显著。

第二节　光谱分析分类及特点

一、光谱的分类

（一）按获得的方式不同分类

光谱按其获得的方式不同可分为吸收光谱、发射光谱、荧光光谱和赖曼光谱。

1. 吸收光谱

当辐射能通过某些吸光物质时，物质的原子或分子吸收与其能级跃迁相应

的能量，由低能态或基态跃迁至较高的能态。这种物质对于辐射能的选择性吸收而得到的原子或分子光谱称为吸收光谱，通常为一暗线或暗带。根据原子或分子的特征吸收光谱来研究物质的结构和测定物质的化学成分的方法，称为吸收光谱分析。

以紫外区辐射能作为光源建立的分析方法——紫外分光光度法。

以可见区辐射能作为光源建立的分析方法——可见分光光度法。

以红外区辐射能作为光源建立的分析方法——红外光谱法。

利用某元素的基态原子对该元素的特征谱线（或光波）具有选择性吸收的特性来进行定量分析的方法——原子吸收分光光度法，亦称原子吸收光谱法。

2. 发射光谱

物质分子、原子或离子在辐射能的作用下，使其由低能态或基态跃迁到高能态（激发态），由高能态跃迁回较低能态或基态而产生的光谱称为发射光谱。

根据原子或分子的特征发射光谱来研究物质的结构和测定物质的化学成分的方法，称为发射光谱分析。发射光谱通常用火焰、火花、弧光、辉光、激光或等离子体光源激发而获得。在发射光谱分析中应用最广的是原子发射光谱分析，只有在少数情况下才应用分子发射光谱分析。火焰光度分析也是一种原子发射光谱分析。等离子体发射光谱分析和激光显微光谱分析的出现，使原子发射光谱分析获得了新的发展。

处于气相状态下的原子经过激发可以产生特征的线状光谱。常温常压下，大部分物质处于分子状态，多数是固态或液态，有的即使处于气态，也因为温度不高，或者运动速度不高而不会被激发。要能被激发，最根本的就是要使组成物质的分子离解为原子，这就要求固态或液态物质都变为气态，然后才有可能成为原子状态。因为只有在气态时，原子之间的相互作用才可忽略，只有在这种情况下，受激原子才有可能发射出特征的原子线光谱。对原子、离子或分子都紧靠在一起，不能独立行动的固体或液体，其发射光谱是连续光谱，因此，原子处于气态是得到它们特征线状发射光谱的首要条件。其次，这必须使原子被激发。原子处于稳定状态，它的能量是最低的，这种状态称为基态。当原子受到外界能量（热能、电能等）作用时，原子由于与高速运动的气态粒子和电子的相互碰撞而获得了能量，使原子中外层电子从基态跃迁到更高的能级上，处于这种状态的原子称为激发态。

对原子发射光谱而言，由于每种元素的原子结构不同，故其发射的谱线相应为各元素的特征谱线（多数的共振线）。根据元素的特征谱线，可作定性鉴定；根据谱线的强度，可作定量分析。

3. 荧光光谱

某些物质的分子或原子在辐射能（光子）的作用下跃迁到激发态，大多数分子或原子与其他粒子互相碰撞，把激发能转变为热能散发掉；其余的分子或原子以光的形式发射出这部分能量而回到基态。由此产生的光谱称为荧光光谱。荧光光谱实质上是一种发射光谱（光致发光），其中由原子产生的称为原子荧光光谱，由分子产生的称为分子荧光光谱。

根据原子或分子的特征荧光光谱来研究物质的结构或测定物质的化学成分的方法，称为荧光光谱分析。分子荧光光谱通常用紫外光（如汞弧灯）激发，它的波长与分子的共振能级有关；原子荧光光谱则要用高强度辐射光源（如高强度空心阴极灯、无极放电灯或激光器等）激发，它的波长与原子的共振能级有关。X 射线荧光则用高能辐射（如电子束、质子束或 X 射线）激发，它的波长与原子或分子的内层电子的能级有关，都落在 X 射线光谱区。用聚焦的电子束来激发试样表面微区的特征 X 射线荧光的分析方法，是 X 射线光谱分析的一种专门技术，称为电子探针微区分析。它与激光探针微区分析（激光显微光谱分析）相互配合，成为物质微区分析的良好手段。

4. 赖曼光谱

根据分子的特征赖曼光谱来研究物质的结构和测定物质的化学成分的方法，称为赖曼光谱分析。赖曼光谱也需用锐线光源激发，它的谱线对称处排列于入射光的谱线的两侧。赖曼光谱谱线与入射光谱线的波长差（赖曼位移），反映了散射物质分子的振动—转动能级（或单纯转动能级）的改变。

（二）按分布形状不同分类

光谱按其分布形状不同可以分为以下几种。

1. 线光谱

线光谱的光谱分布呈线状，即每条光谱只具有很窄的波长范围，多由气态原子或离子激发产生，如气态氢原子光谱。线光谱是由众多波长不同的谱线按波长有序地排列组成的。在原子发射光谱中，线光谱是由受激发的原子或离子的自发跃迁辐射所产生的许多谱线，按波长有序排列组成的光谱称为原子发射光谱。原子发射光谱由许多的亮线组成，又称"亮线光谱"；原子吸收光谱是由在连续背景上的一些暗线组成，又称"暗线光谱"。在 X 射线光谱中，当加于 X 射线管的电压增高到某一临界值时，会在连续 X 射线谱上的一定波长处出现强度很大的谱线，这也是线光谱。

2. 带光谱

带光谱是带状光谱的简称。它是由一条条宽度不等的光带所组成的光谱，也称分子光谱。每一光带是许多密集的谱线，光带的一头谱线特别集中，然后谱线的密集程度逐渐降低，最后自然消失。分子由于在电子跃迁（或不跃迁）的同时还有振动与转动能级的跃迁，而后两者能级间隔很小，再加上液态或固态分子间的相互作用使能级宽化，所以液态或固态分子的光谱多为带光谱。在电弧等离子体和高温火焰光谱中的带光谱多数是双原子分子氰（如 CN）所产生的。

3. 连续光谱

连续光谱是由较宽的波长范围内所有波长组成的光带，光谱分布在很大范围内是连续的，即分不开线光谱与带光谱，多发于高温炽热的物体，如炽热的电极头。

二、原子发射光谱的特点

发射光谱分析与其他仪器分析一样，内容极其广泛，方法很多。不同的光谱分析方法有各自的特点，与其他分析方法相比，原子发射光谱法具有如下突出的特点。

1. 具有较好的灵敏度和检出限

发射光谱分析的元素检出限是指元素被检出的最低含量，也称作灵敏度。查明某种元素是否存在的最低浓度，称为相对灵敏度，用占试样的百分数或相对量表示；查明某种元素是否存在的最低含量，称为绝对灵敏度，用克（g）或毫克（mg）表示。光谱分析的相对灵敏度可达 $10^{-3}\% \sim 10^{-5}\%$，绝对灵敏度为 $10^{-7} \sim 10^{-9}$ 克。例如，原子发射光谱对多数金属元素及部分非金属元素（C、B、P、As），含量低到 0.001% 均可检出。

检出能力的高低主要取决于仪器设备条件、元素性质和样品组成。多数金属元素和部分非金属元素含量在 $10^{-5}\%$ 或更低都可以检查出来。有的元素能检出的浓度可低达 $10^{-6}\%$。采用物理和化学的预分离富集技术、等离子体光源和高色散率的光谱仪，检出能力可以得到改善。

2. 操作简单、多元素同时测定、分析速度快

发射光谱分析可对多种元素同时进行分析，用于定性分析或半定量分析。由于每个元素都有一些可以选用而不受其他元素干扰的特征谱线，因此只要正确选择折中条件，便可进行数十种元素的同时或顺序快速测定。如采用看谱分析的速度很快，可以及时地检查冶炼过程中试样的成分，也可以迅速地进行钢号复核；采用摄谱法，在做好一切准备工作的情况下，分析一种元素只需几分钟；而采用计算机控制的光电直读光谱仪，每分钟可分析数十种元素。对于电弧和火花光谱法分析，样品一般不必进行化学预处理，甚至不损坏样品。

3. 样品需用量少

由于发射光谱分析的绝对检出限很低，所以需用的试样很少。一般发射光谱分析每次分析只需试样几毫克，多至几十毫克，少至十分之几毫克。采用激光显微光源和微火花光源时，样品耗量更少，每次试样用量只需几微克（μg）；X 射线荧光光谱法取样 $0.1 \sim 0.5mg$ 即可进行主要成分的分析。

4. 准确度较高

准确度也称精密度，精密度一般用相对标准偏差来表示，相对标准偏差小，则精密度高。发射光谱的准确度随采用的光源和试样中被测成分的含量不同而变化。光谱分析的相对标准偏差一般为 $5\% \sim 20\%$。对试样中高含量（百分之几以上）元素的分析，精密度较差。当被测元素的含量低于 0.1% 时，准确度一般比化学分析法高；当被测元素的含量低于 $0.1\% \sim 1\%$ 时，准确度接近化学分析法；当被测元素的含量高于 1% 时，准确度比化学分析差。可见，对于痕量元素分析，准确度和精密度高于普通化学分析法，并与所用分析方法密切相关。但对于辉光放电和 ICP 发射光谱法，即便对于高含量元素的分析，其准确度和精密度亦可与化学分析法相媲美。

5. 应用广泛

发射光谱分析在科学技术和生产实践的各个领域都得到了应用，特别是在地质、冶金、能源、化工和环保等方面的应用最为广泛。

既可作常量分析，又可作微量和痕量分析；既可作单元素分析，又可作多元素分析；可测各种形状的样品；消耗试样少，采用特殊光源（激光显微光源）可作微区分析，宏观上不破坏样品。

6. 局限性

光谱定量分析建立在相对比较的基础上，必须有一套标准样品作为基准，而且要求标准样品的组成和结构状态应与被分析的样品基本一致，这常常比较困难；由于所用样品量很少，因此被分析样品必须非常均匀，才能有足够的代表性，否则对测定的准确度和精密度都会产生影响；高含量分析的准确度较差；常见的非金属元素，如氧、硫、氮、卤素等谱线在远紫外区，一般的光谱仪尚无法检测，所以发射光谱法至今仍主要用于金属和少数非金属元素的测定；还有一些非金属元素，如 P、Se、Te 等，由于其激发电位高，因此灵敏度较低。

三、原子发射光谱分析的应用

发射光谱分析在科学研究和生产实践中有较多的应用，尤其是在地质、冶金、能源、化工和环保等方面的应用更为广泛。

（1）在地质工作中的应用。发射光谱分析是测定地质样品化学成分的重要手段之一，通过对样品的半定量分析可以确定物质的组分；激光显微光源和电子探针微区分析的配合，为微粒单矿物的鉴定提供了良好的手段。

（2）在冶金工业中的应用。发射光谱分析在冶金工业中的应用也很广泛，可以分析矿物原料、中间产品、半成品、成品及炉渣等样品，从而为选择原料、控制冶炼过程、鉴定产品质量和进行产品分类提供可靠的依据。

（3）在核工业中的应用。对于铀矿的勘探测定，发射光谱是一种极为有用的分析手段，通过半定量和定量分析可以确定矿物的组成和单元素的含量；发射光谱分析也可用于分析核燃料的纯度；另外，发射光谱分析还可用来进行同位素分析。

（4）在半导体材料分析中的应用。半导体材料对分析手段的检出能力有很高的要求，采用电感耦合高频等离子炬作为激发光源，在进行半导体材料分析中能获得较好的效果。

（5）在环保工作中的应用。发射光谱可以用来分析环境样品，如土壤、污水、工业废水、饮用水等样品。

第三节　光 谱 分 析 简 史

原子光谱分析技术的发展，与现代科学技术的发展紧密相连，它的发展有赖于现代光学和光谱学、光谱仪器、现代光源、光电子和电子技术以及计算机技术等的进步与发展。发射光谱分析的出现，已经有一百多年的历史。根据发射光谱分析发展过程的特点，大致可以分为定性分析阶段、定量分析阶段和现代技术阶段。

一、定性分析

光谱学的开端应归功于牛顿（Newton）。旦在 1672 年，牛顿发现太阳光通过三棱镜时，会出现按一定波长顺序排列的各种颜色的光，他利用三棱镜观察到了太阳光谱，为光谱学的建立拉开了序幕。

1802 年，沃拉斯顿（Wollaston）利用狭缝和棱镜，第一次发现太阳光谱中的暗线，这是原子吸收光谱的最初观测。12 年后，1814～1815 年德国光学家夫琅和费（Fraunhofer）采用狭缝装置改进光谱的成像质量，并观察了太阳光谱中的暗线，认真地进行了研究。他在棱镜台后面放置一个望远镜来观察太阳光谱，对那些暗线的相对位置作了粗略的测量，并列成谱图。

1826 年，秦博特（Talbot）研究了钠、锂、锶谱线和铜、银、金的谱线，他指出"无论什么时候，只要在棱镜中观察到火焰里有某一种颜色的单色光线出现时，就有一定的化合物存在。"他提出了元素特征光谱的概念，并确定了元素与特征光谱之间存在一定的关系，因此可以认为他是光谱化学分析的创始人。

1859 年，克希霍夫（Krichhoff）和本生（Bunsen）改善了分光镜，首先将分光镜用于化学分析，诞生了世界上第一台光谱仪。他们将此光谱仪应用于化学分析，并确定和证实了各种物质都有自己的特征光谱，从而建立了光谱定性分析的基础。通过观察大气层的吸收光谱，指出太阳连续光谱中的大量黑线是太阳大气层的吸收光谱，并指出根据这些光谱可以测定大气层的化学成分。同时提出了热辐射的克希霍夫定律：对于波长相同的射线，在相同的温度下，对于一切物体而言，发射本领与吸收本领之比都是相同的。研究地球上物质元素的光谱分析方法的建立，归功于克希霍夫与本生。

光谱分析方法的建立，引起了科学界的极大兴趣。人们用这种方法先后发现了铯、铷、铟、铊等十几种元素，测定了恒星、行星的物质组成。光谱分析方法测定结果表明，组成天体的物质的元素与构成地球的物质的元素是相同的。

在这个阶段，许多学者还从事于光谱学理论的研究。19 世纪末到 20 世纪初，巴尔末（Balmar）、赖曼（Lyman）、帕邢（Pacchen）、布喇开（Braktt）和封特（Pfund）等人先后发现了氢光谱的 5 个线条，奠定了光谱学理论的实验基础。

1884 年，瑞士的巴尔末（Balmer，1825～1909）对氢光谱的研究取得了重大成果。1890 年，瑞典科学家里德堡（Rydberg，1854～1919）提出了光谱线系公式，巴尔末与里德堡研究的成果，对光谱学的建立与发展具有重要作用。瑞士物理学家里兹（W. Rity，1878～1909），以丰富的数学和物理学知识开辟了光谱学中的新道路。他提出了线光谱的组合原则，使人们从已经知道的谱线出发，计算出新的谱线，即每次观察到的光谱线波数可以设想为两个光谱线波数之差，从而可以预见新的光谱线的存在。

巴尔末、里德堡和里兹的理论已被实验所证实，他们为原子物理理论的产生提供了重要依据。

19 世纪 80 年代，罗兰（Rowland）成功地刻出了较好的光栅，提高了测量谱线波长的精度，同时发明了凹面光栅，改善了光谱仪的结构和性能。与此同时，许多学者从事光谱学理论的研究工作，发现了氢光谱的 5 个线系，尤其是 1913 年波尔（Bohr）原子结构理论的出现，为光谱分析奠定了理论基础。

二、定量分析

1920 年，德格拉蒙特（De Gramont）建立了定量分析方法，几乎只是半定量的方法。1925 年，盖拉赫（Gerlach）提出了定量分析内标原理，后经适当修改成为准确的定理，奠定了光谱定量分析的基础。

1930 年，罗马金（Помакип）和赛伯（Scherbe）分别提出了定量分析的经验公式，建立了光谱定量分析的理论基础，而后，门捷里斯塔姆（Мондлъыщщтам）进行了一些有关谱线强度与元素含量之间关系的理论推导，为近代光谱分析提供了有力的依据。

1930 年，工作曲线法的提出使光谱定量分析得到了完善。1931 年出现了直流电弧光源，1933 年出现了火花光源，1938 年出现了高压交流电弧，到 20 世纪 40 年代初，光谱定量分析已基本建立起来。

棱镜光谱仪和光栅光谱仪分别在 20 世纪 40 年代和 50 年代得到快速发展。

三、开始光电化、自动化发展

发射光谱分析现代技术的发展，首先从光电化和自动化开始。20 世纪 40 年代，哈斯勒（Hasler）和迪拉特（Dielert）首先介绍了一种光电量计的光电直读光谱，用光电装置代替原来摄谱用的感光板，大大提高了分析速度。狄克（Dieke）和克罗斯怀特（Crosswhite）研制出示波光谱仪，开创了光谱仪器光电化的道路。20 世纪 50 年代，费尔格设计了傅里叶变换光谱仪，获得了较大的光强和较高的分辨率，开拓了调制分光的新途径。20 世纪 60 年代，光电光谱仪开始与计算机联用，使光电化和自动化得到提高。60 年代初，Brech（布里奇）等人用激光作为激发光源，制造激光显微光谱仪，接着，又有人把等离子体光源用于光谱分析。接着，格林菲尔德（Greenfield）和法赛尔（Fassel）等人，先后把电感耦合等离子体光源应用于发射光谱分析，使发射光谱分析产生了新的变革，出现了电感耦合等离子体原子发射光谱分析（ICP-AES, Inductively Coupled Plasma Atomic Emission Spectrometry），使原子发射光谱分析成为痕量金属元素分析的最有力工具之一。此时，火花和弧光光源也在不断改进，使光源的可控性和稳定性都得到了提高。

到 20 世纪 80 年代，一些重要专著、工具书的出版，以及商品仪器所占领的市场，标志着 ICP-AES 在理论、应用与仪器等方面已趋成熟，现已成为应用最广泛的分析技术之一。

近 20 年来（20 世纪 80 年代以后），由于电子、激光、等离子体及电子计算机技术的迅速发展，并引入到光谱分析中，使其真正进入光电化、自动化阶段，使分析速度更快、灵敏度更高、准确性更好。

　　激发光源方面，激光、等离子体、辉光等光源广泛应用。光谱仪方面，具有高分辨率和色散率的中阶梯光栅光谱仪、干涉光谱仪问世。检测方面，应用测微光度计与计算机联合译谱，自动分析结果；电视检测器是多元素同时测定的理想检测器；自扫描光电二极管阵列等许多新型半导体器件的使用，产生了用于微光和宽谱响应器件的检测器，为多元素同时测定提供了理想的检测系统。

第二章

原子发射光谱分析

原子发射光谱分析是依据组成物质的气态原子或离子受激后产生的光谱而建立的分析方法，习惯上称为光谱分析。因每种元素都具有其特征谱线，故可根据特征谱线是否存在进行定性分析，通过测量特征谱线的强度进行定量分析。

第一节　原子发射光谱的形成

正常状态下各元素处于基态，元素在受到外界能量（热能或电能）激发时，由基态跃迁到激发态，返回到基态时，发射出特征光谱（线状光谱）。同种元素的原子和离子所产生的原子线和离子线都是该元素的特征谱线，习惯上统称为原子光谱。原子发射光谱分析是利用物质中不同的原子或离子在外层电子发生能级跃迁时产生的特征辐射来测定物质的化学组成和含量的方法。

光谱分析的过程一般分为：①把被分析物质变成高温气体状态（气化）；②激发使气体原子或离子产生特征辐射（发光）；③将辐射光展成光谱（分光）；④观察或记录光谱。

由所得光谱线的波长进行物质的定性分析，由所得光谱线的强度进行物质的定量或半定量分析。

获得试样原子发射光谱的最简便、常用的方法如图 2-1 所示。

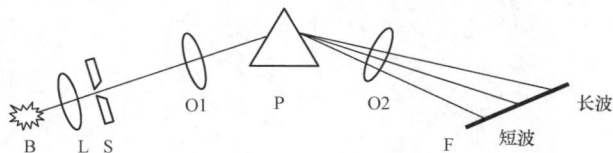

图 2-1　原子发射光谱的形成

将试样置于 B 处，用适当的激发光源进行激发，样品中的原子激发后会辐射出特征光，经聚光镜 L 聚焦在入射狭缝 S 上，再经准直系统 O1，使之成为平行光，经色散元件 P 把光源发出的复合光按波长顺序色散成光谱。透镜（暗箱物镜）系统 O2 把色散后的各光谱线聚焦在感光板 F 上。

对于摄谱仪而言，感光板 F（感光胶片）经暗室显影处理，便得到所需的谱线。如果用目镜直接观察，则这种仪器称作看谱镜。用光电接收装置（CCD）代替感光板 F 接收，测量、记录谱线强度，这种仪器称作光电光谱仪。随着计算机的发展和应用，将一个样品中多种元素特征光谱线同时接收和用计算机处理，可直接测出被测元素及其含量（光电直读光谱仪），把激发、测量、计算、记录几个环节连接在一起，分析速度极快，几分钟便可得出十几种甚至几十种元素的含量，特别适于用作钢铁冶炼过程中的炉前快速分析。

原子发射光谱分析所用的仪器主要由激发光源、光谱仪和检测器三部分组成。

第二节　激　发　光　源

一、激发光源的性能要求

原子发射光谱分析中的光源与原子吸收光谱、原子荧光光谱分析中的光源有所不同，激发光源的基本功能是提供样品中被测元素原子化和原子激发发光所需要的能量。因此，这种光源具有原子化和激发发光双重功能。激发光源是原子发射光谱仪中非常重要的组成部分。

原子发射光谱分析要求激发光源具备以下性能：

（1）灵敏度高。具有较强的检测能力，能够进行微量和痕量元素分析。

（2）稳定性好。在激发过程中，光源应具有良好的稳定性和再现性，这是进行光谱定量分析和保证分析准确度的基本要求。这里的稳定性包括激发光源电的稳定性及发光过程光的稳定性。

（3）蒸发性能优良。由于分析样品的组成不同，各成分的蒸发温度也不尽相同，因此要求光源能提供不同的蒸发温度，而且蒸发温度应稳定、可重复。

（4）光谱背景小。要求获得的光谱最好没有背景。背景多由分子带光谱或炽热固体辐射的连续光谱所致，这对定性和定量分析都不利。

（5）结构简单、操作容易、使用安全。

上述要求对研制新型光源具有指导意义。

二、激发光源的作用和分类

原子发射光谱分析用光源的主要作用是，提供分析物的蒸发、原子化和激发所需要的能量，以产生特征发射光谱。一般来说，发射光谱分析中能使样品蒸发并使原子或离子激发而产生光辐射的装置称作激发光源。

激发光源的作用包括以下两个方面：

（1）蒸发。使试样中各种元素的原子从试样中蒸发出来，在分析间隙之间形成原子蒸汽云（原子化）。

（2）激发。使蒸汽云中气态的原子（或离子）获得能量而被激发，当激发态的原子（或离子）跃迁至基态（或较低激发态）时，辐射光谱。

在激发光源中，蒸发、原子化、电离和激发等过程是在瞬间完成，几乎可以看作是同时进行的。影响上述过程的主要因素是光源的温度。因此，温度决定光源的主要性能，它是选用光源时需考虑的主要因素。

发射光谱分析对激发光源有严格的要求。激发光源必须具有较高的温度，才能使试样中大多数元素得到蒸发和激发，产生较强的辐射，从而获得较好的检出限。同时，激发光源必须具有较高的稳定性和再现性，使蒸发和激发比较稳定，原子或离子的辐射强度可以再现，从而提高发射光谱分析的精密度和准确度。对于微量分析、微区分析和薄层分析，还要求光源所引起的试样损耗少。除此之外，激发光源还必须具有光谱背景小、线性范围宽、结构简单、操作方便、安全及应用范围广的优点。

发射光谱分析的激发光源，已经有火焰、火花、电弧、辉光、等离子体和激光等类型。其中，火焰是最先使用的光源，火花和电弧是比较常用的光源，辉光是特殊用途的光源，等离子体和激光是现代光谱分析技术中的新型光源。

发射光谱分析所用的光源，从光源激发机构看，一般可分为下列几种类型。

（1）火焰，如氢氧焰、空气—乙炔焰等。

（2）常压气体放电光源，包括直流、交流电弧和火花等放电光源。

（3）低压气体辉光放电光源，如高频无极放电管、空心阴极放电灯等。

（4）等离子体光源，是一类外观上类似火焰的常压气体放电光源，包括直流等离子体炬（DCP）、高频电感耦合等离子体炬（ICP）、微波等离子体炬（MWP）等。

（5）激光光源。几种光源的比较见表 2-1。

表 2-1   几种光源的比较

光 源	激发温度（K）	放电稳定性	应 用 范 围
火焰	2000～3000	差	如碱金属等
直流电弧	4000～7000	稍差	定性分析，矿物、纯物质、难挥发元素的定量分析
交流电弧	4000～7000	较好	试样中低含量组分的定量分析
火花	瞬间 10 000	好	金属与合金、难激发元素的定量分析
ICP	6000～8000	较好	溶液的定量分析
激光	10 000 以上	最好	对样品微区进行分析，精度高

三、火焰

火焰激发光源是利用燃料气体和助燃气体混合后燃烧而放出足够的热量来使被测样品蒸发、解离及激发。

用火焰作为发射光谱分析的热激发光源，与其他光源相比，具有以下特点：

（1）设备简单、操作比较方便、稳定性好，因而分析精度较高。

（2）火焰温度一般仅为 2000～3000K，由于火焰光源温度较低，因此可以激发易挥发、易激发元素的原子光谱，适宜于激发一些激发电位很低的原子，如碱金属等，但可测元素的范围受到一定的限制。

（3）由于温度低，火焰中存在一些热稳定的金属氢化物分子，火焰会发射较强的分子光谱，因此会降低被测原子的浓度，这些气态分子在火焰中会产生带状光谱，从而产生背景干扰。

（4）测定时还需把样品制备成溶液，给分析带来麻烦。

火焰温度对于蒸发、原子化和激发过程是非常重要的。由于火焰温度不均匀，火焰不同区域的原子激发和辐射也不相同。图 2-2 所示为一种空气火焰的形状和典型温度分布情况。一般来说，火焰可分为内焰、中焰和外焰三层。内焰带蓝色，温度最低，有还原作用；中焰明亮，温度较高，游离原子的浓度最大；外焰无色，温度最高，有氧化作用。通常情况下，发射光谱分析主要利用中焰。

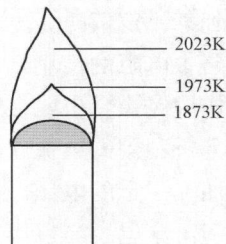

2023K
1973K
1873K

图 2-2 天然气—空气
火焰温度分布

火焰温度的高低，除了与空间位置有关外，不同的助燃气体与不同的燃料气体配合，可以获得不同温度的火焰（见表 2-2）。

表 2-2   常用火焰的温度

火焰 （燃料气—助燃气）	最高温度 （K）	火焰 （燃料气—助燃气）	最高温度 （K）
煤气—空气	1800	乙炔—氧	3160
煤气—氧	3013	乙炔—一氧化亚氮	2990
丙烷—空气	2198	氢—空气	2318
丙烷—氧	3123	氢—氧	2933
乙炔—空气	2500	氢—氧化亚氮	2880

四、电弧

电弧光源是发射光谱分析中常用的一种光源。它与火焰一样，也是一种热激发光源。不过火焰是借助化学燃料燃烧时化学反应释放的热能产生高温的，而电弧等离子体则是由于在电场作用下加速运动着的电子与其他粒子间的碰撞而产生高温的。

在大气压力或接近大气压力的情况下，空气里几乎没有电子或离子，因此是绝缘体。当有外力作用时，气体中产生离子，则气体就变成了导体。在外力作用下使电极表面逸出电子或使气体电离，气体电离时，电极之间加上一定的电压使产生放电。这种放电电流很小，当电离作用停止时，电流中断而停止放电。因为气体电离时，还进行着相反的过程，即离子复合的过程，所以当外力作用停止时，气体的导电性就消失，放电便不能持续发生，这种放电称为非自持放电。

如果电极间的电压增大，则电极间的电流也随之增大。当电极间的电压增大到某一定值时，电极间的电阻变得很小，电流突然增大，且电流几乎只受外电路中电阻的控制，这种现象称为击穿。电极间的气体被击穿后，即使外界电离作用停止，也能继续保持电离性，使放电持续，这种放电称为自持放电。光谱分析利用的电弧或火花均属于自持放电。非自持放电和自持放电在电极间均须加上一定的电压，使电极间气体击穿而发生自持放电的最低电压称为击穿电压。击穿电压与电极材料、电极表面特性、电极距离、电极温度、放电环境及气体中带电粒子的多少等因素有关。欲使空气中产生电流，必须施加很高的击穿电压。自持放电发生后，维持放电所必需的电压，称为燃烧电压。燃烧电压总是低于击穿电压，并和放电电流有关。

气体中通过电流时，电极之间电压和电流不遵循欧姆定律，而符合式(2-1)，即

$$U \approx A + \frac{B}{I\phi} \tag{2-1}$$

式中　U——电压；

A、B——与电极材料组成有关的常数；

I——电流；

ϕ——常数。

这是一种负的电压—电流特性，即放电时电压升高而电流降低。因为分析间隙的大小在气体组成一定时主要取决于两电极间的距离，距离越大，其间的电阻增大，电流减小。因此在光谱分析时，保持电极距离恒定是非常重要的。

　　当气体组成一定时，放电所产生的等离子体的激发温度主要取决于通过等离子体的电流密度。而电流密度的大小，一方面取决于工作电流的大小，另一方面取决于通过该电流的横截面积，且等离子体的横截面积又随其温度的升高或降低而膨胀或收缩。因此，单靠提高工作电流而明显提高等离子体温度是有困难的。

　　气体放电时的温度分布是不均匀的。电极头和等离子体的温度不同，而等离子体不同位置的温度也不相同。

　　电弧放电是较大电流通过两个电极之间的一种气体放电现象。电弧放电光源一般是在大气环境或在其他气氛中进行的，这时由于有大量气体分子存在，它们的振动和转动能量范围很宽，适宜于与加速电子作非弹性碰撞，使气体分子激发或使气体分子动能增大，气体温度升高，放电弧柱中通过的电子流使得电弧中的气体加热，产生很高的温度。因此，电弧具有很大的能量，若把样品引入到弧光中，就可以使试样蒸发、解离，并使原子激发而发射出线光谱。

　　根据通过气体的电流，电弧分为直流电弧和交流电弧，交流电弧又有高压交流电弧和低压交流电弧之分。

（一）直流电弧

1. 直流电弧的基本电路

　　直流电弧的主要装置是直流电源，直流电源可采用直流发电机或整流器。直流发电机虽具有波形较好、可连续使用较长时间等优点，但噪声大、效率低、管理使用不方便。现多采用整流器，但不能长时间使用。

　　直流电弧的基本电路如图 2-3 所示。电源（E）由直流发电机或 220V 交流电经过全波整流供电，电压约 220V，电流为 5～30A；镇流电阻（R）用于稳定和调节电流大小；铁芯自感线圈（L）用以减小电流的波动。

　　直流电弧引燃（或点火）可采用两个电极直接接触，然后拉开，或使用高频引燃装置。当用短路的方法引燃电弧时，由于接触点的电阻很大，通电使接触点灼热，在阴极产生热电子发射，在电场作用高速通过分析间隙（G）加速运动轰击阳极，在阳极表面形成炽热的阳极斑点，温度可达 3800K，使试样从试样表面蒸发出来，并解离成原子蒸汽，高速运动的电子与原子及空气等发生碰撞而产生能量交换会使部分原子发生电离，带正电荷的离子在电场作用下又会向阴极作加速运动，

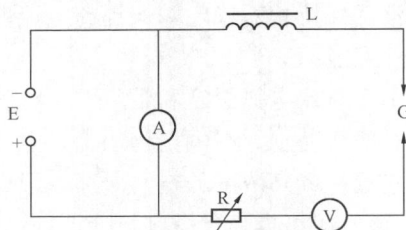

图 2-3　直流电弧的基本电路

撞击使阴极温度增高，并不断发射电子，使电弧维持不灭，使试样蒸发、原子化、激发。这样，在弧焰中，原子、离子、电子等粒子之间不断互相碰撞和撞击，使原子和离子获得能量而得到激发，从而辐射出光谱来。

2. 电弧的一般特性

直流电弧一般由弧柱、弧焰、阴极区、阳极区（阴、阳极斑点）组成，如图 2-4 所示。

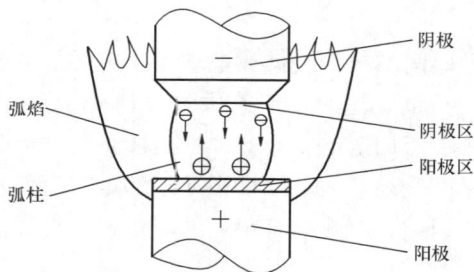

图 2-4　直流电弧空间结构

直流电弧两电极的极性不变，电弧的温度分布是不均匀的，除与试样及电极的性质有关外，还与电极分析间隙和电流强度有关。一般电流为 5～30A 时，弧柱的温度在 4000～7000K，电极温度比弧柱低 3000～4000K。由于电子从阴极发出，不断轰击阳极，阳极比阴极温度高。如使用石墨电极时，阳极温度为 4300K，阴极温度为 3300K。

由弧柱中心沿半径向外温度逐渐下降，弧柱中靠近电极附近的温度高，而中间温度低。由于弧柱中间具有稳定的放电和均匀的亮度，因此常作为光谱激发的主要区域。电路参数的变化，一般不影响电弧温度的纵向和径向分布，只是改变温度的高低。

弧温与弧焰的组成有密切关系，这取决于弧焰中气体的电离电位与浓度。当有几种元素同时存在于弧焰中时，主要受电离电位最低的元素的浓度所控制。当在电弧中引入大量低电离电位元素时，弧柱内电子浓度增大，电阻减小，输入到电弧的能量减小。这是因为在给定的电弧电流下，能量消耗正比于电阻，随着输入能量的降低，导致弧温下降。弧温随电弧电流改变不明显。因为随着电流的增大，弧柱直径增大，电流密度实际提高不大，单位弧柱体积的能量消耗保持相对稳定，但提高电流使电极头温度有很大提高，则可增强对样品的蒸发能力。

由于直流电弧温度和带电粒子空间分布不均匀，样品电极蒸发、激发等行为常有明显差别。在电场作用下，电弧放电中的阳离子向阴极方向移动，在阴极区附近造成高浓度的空间电荷，形成一个离子和原子富集的区域（阴极层效应），该效应可提高灵敏度，降低检出限，利用这个现象，可进行样品中的痕量元素分析。但大部分情况下，还是利用比较稳定的弧焰中央部分。

3. 伏安特性

电弧放电的主要参数是电流强度 I 和弧隙的电压降 U。气体导电与金属导电不同，弧隙电压与弧光电流成反比。这种电压与电流的反比关系称为负阻特性（见图2-5）。电流小时，气体电离度小，因而弧隙电阻大，维持弧光的电压较高；电流大时，气体电离度大，因而弧隙电阻小，维持弧光的电压较低。可见，电流的变化会引起气体电离度的变化，从而导致弧隙电阻的变化，造成弧焰不稳定。

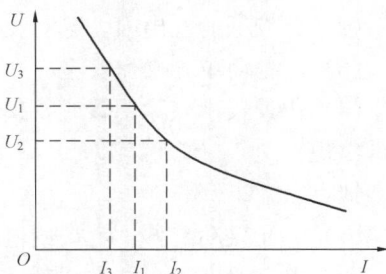

图2-5 电弧放电的伏安特性

电弧放电具有下降的伏安特性曲线，这种下降的伏安特性和气体电阻的变化性，使电弧放电的稳定性很差。

开始时，电弧在固定的电压 U_1 和电流 I_1 下工作。

(1) 有某原因使电流 I_1 升高到 I_2（电弧电阻波动减小），电压 U_1 下降到 U_2，在电源电压一定的情况下，有一个剩余电压（U_1-U_2），使电流更增大，电压再次下降，最后使电流继续增大，烧毁电源。

(2) 如果电流 I_1 下降到 I_3，电压 U_1 升高到 U_3，U_3 比电源电压还要大，电流会再次减小，最后，电弧熄灭。

为避免这种情况发生，同时稳定电弧，必须在直流电弧的电路中串联一个阻值足够大的镇流电阻，使电流的波动尽可能控制在比较小的范围内，从而增加燃弧的稳定性。回路中串入镇流电阻 R，这时 U 将小于电源电动势 E，即

$$U_1 = E - IR \tag{2-2}$$

式中 IR——镇流电阻的电压降。

如果放电电流 I 增加，则在电阻 R 上的电压降也增大。因为电动势一定，则放电间隙电压 U 降低，电流减小并回到原来的值。因此，把足够大的电阻（几十欧姆以上）接入电路，能够稳定电弧电流，电流将在一个平均值附近波动。

镇流电阻的作用如图2-6所示。

4. 直流电弧的特点

直流电弧作激发光源具有以下优缺点：

优点：

(1) 电极头温度高，试样易蒸发，适用于难挥发试样分析。

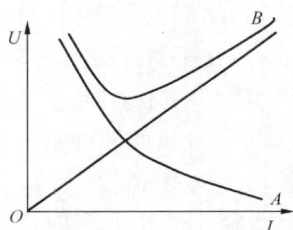

图2-6 镇流电阻的作用

（2）有较低的检出限，绝对灵敏度高。

（3）设备简单、操作安全。

（4）背景较小（除用碳或石墨电极时产生氰带光带外，基本上没有空气光谱带出现）。

缺点：

（1）弧光晃动游移不定，放电稳定性差，精密度和准确度较差。

（2）电极温度高，试样损耗多，烧伤面大，一般不适于低熔点的轻金属分析。

（3）自吸现象严重，不适合高含量分析，适合难熔物质（难挥发）矿物的定性和半定量分析。

由于上述特性，直流电弧常用于定性分析以及矿石、矿物难熔物质中痕量组分的定量测定。

（二）交流电弧

交流电弧分为两类：一类是高压交流电弧，工作电压为 2000～4000V，可直接引燃，但由于高压交流电弧装置复杂，高压操作不安全，因此很少应用；另一类是低压交流电弧，工作电压为 110～220V，交流电弧随时间以正弦波的形式发生周期变化，因而低压交流电弧不能像高压交流电弧那样自行引燃，也不能像直流电弧那样通过两个电极接触引燃，必须采用高频引燃装置使其在每个交流半周引燃一次。下面主要介绍后者。

1. 低压交流电弧的基本电路和工作原理

低压交流电弧的基本回路如图 2-7 所示。由小功率高频振荡电路（Ⅰ）和普通交流低频电路（Ⅱ）借助于线圈 T1 和 T2 耦合而成。

低压交流电弧电路的工作原理：电源（E）经过调压电阻 R1 适当调压后，由升压变压器 T1 升压至 2500～3000V，并向振荡电容 C1 充电，其充电速度由 R1 调节，当充电的能量达到放电盘 G1 的击穿电压时，放电盘的空气绝缘被击穿而产生高频振荡。其振荡速度由放电盘的距离及充电速度控制，使其在交流电的每半周内只振荡一次。振荡电压经变压器 T2 进一步升压至 10 000V 左右，通过旁路电容器 C2 把分析间隙的空气绝缘击穿，产生高频振荡放电。当分析间隙 G2 被击穿时，电源的低压部分便沿着已经造成

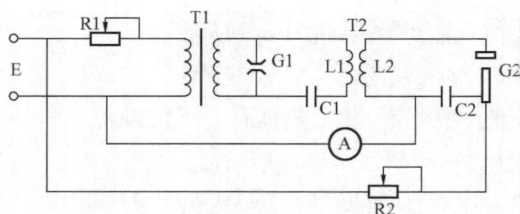

图 2-7　低压交流电弧的基本回路

的游离气体通道，通过分析 G2 进行弧光放电。当在交流电的每半周波内的电压降至低于维持电弧放电所需的电压时，电弧将熄灭。接着第二个交流半周又开始，分析间隙又被高频击穿，随之进行电弧放电，如此反复进行，保持低压燃弧不致熄灭。

2. 交流电弧的特性

由于电极极性的变化，交流电弧具有如下特性：

（1）交变性。交流电弧的电流和电压都在交替变化，这种交变性能延长原子或离子在发光云中的滞留时间，因而采用交流电弧激发的检出限和准确度较好。

（2）间隙性。它是交流电的每半周波内用高频或脉冲触发引弧（燃），当电压降到不足以维持电弧放电时便停止燃弧，待下半周期电压升到一定值时又重新引燃，因此电弧在交流电每半周波内有一段燃弧时间和一段停熄时间，交流电弧实际上不是连续的，而是具有间隙性的。

（3）脉冲性。在交流电弧的放电间隙中引燃电弧的高频高压电流与燃弧的低频低压电流相叠加，使交流电弧放电具有脉冲性，其瞬间电流密度要比直流电弧大得多，可增强激发能力，甚至可以产生一些离子线。

3. 交流电弧的特点

（1）交流电弧的交变性、电极上无高温斑点、温度分布比较均匀、弧焰内的物质分布比较均匀，因而交流电弧的蒸发和激发稳定性都比直流电弧好，有利于提高分析的精度和准确度，可满足定量分析的要求。

（2）交流电弧的温度比直流电弧略高，激发能力稍强，使可测量元素的范围有所增加。

（3）交流电弧放电的间隙性使电极温度比直流电弧略低，故蒸发能力不如直流电弧高，检出限比直流电弧差。

五、电火花光源

火花放电也是在大气压下两电极间的一种气体放电现象。当两电极间的电压很高时，在电极间隙的带电粒子加速运动，产生碰撞电离，使电子和离子的数目急剧增加，放电沿着电子聚集最密的通道进行，形成数条耀眼的曲折的亮线。在通道与电极表面接触的区域，火花放电释放出大量的能量，使物质以发光的蒸汽喷出，形成火舌。在通道和火舌的中心，气压可达数百个标准大气压以上，温度高达 10 000K 以上。因此，火花光源具有比电弧光源强得多的激发能力和电离能力，能够激发原子和离子的光谱。

高压火花光源是原子发射光谱分析常用的光源之一。这种光源的主要特征是利用高压给电容充电而借助电容放电使电极间隙气体电离而击穿，引起火花放电。这种光源具有很高的激发温度。按其充电回路中电容器充电电压的高低，可分为高压火花（10～30kV）、中压火花（1kV）和低压火花（110～380V）。高压火花是目前常用的一种光源。

1. 常用电火花光源电路

电火花光源电路与交流电弧的高频引燃电路很相似，但其功率大。下面以高压火花电路为例说明，火花是利用升压变压器把电压升高后向一个与分析间隙并联的电容器充电，当电容器上的电压达到一定值后将分析间隙的空气绝缘击穿而在气体中放电。

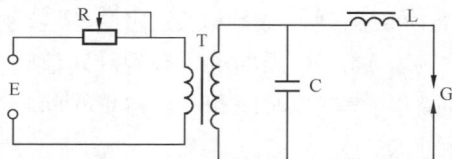

图 2-8　高压火花线路

工作原理：高压火花线路（如图 2-8 所示）实际上是一个高频振荡线路，电源 E 经变压器 T 提高电压后向电容器充电，当电容器上的电压达到分析间隙 G 的击穿电压时，就通过电感 L 在分析间隙 G 上有火花跳过，产生火花放电。放电完成后，又重新充电、放电，如此循环反复，维持火花放电。

应用火花进行光谱分析时，分析间隙距离的改变对放电影响很大。在分析过程中，很难保持分析间隙的距离，因而很难获得火花放电的良好稳定性与再现性。为提高稳定性和再现性，火花发生器常采用各种控制火花电路，如有稳定空隙的火花电路、串有同步电动机的费斯纳火花电路、电子线路控制的火花电路。

2. 火花放电的特性

火花放电与电弧放电不同，放电时形成通道和火舌。在通道处所发射的主要是空气成分的光谱，在火舌处所发射的主要是电极成分的光谱。因此，发射光谱分析主要是利用火舌区域的辐射。由于火舌温度比电弧光源的弧柱温度高，因此火舌区域的辐射会出现更多激发电位高的原子线和离子线。

因此，电火花光源具有如下特性：

（1）间隙性。火花放电速度很快，比交流电弧的放电时间短；停熄时间较长；电极温度比交流电弧低得多，故蒸发能力较差；进入分析间隙的样品少，检出限较高。

（2）高温度，激发能力强。放电时分析间隙的瞬时电流密度很大，为 $10^5 \sim 10^6 \text{A/cm}^2$，激发温度高达 10 000K 以上；激发能力很强，可激发一些激发电位很高的元素；激发温度高，使元素强烈电离，激发出许多离子线，谱线大多为离子线。因此，通常将离子线称为火花线，原子线称为电弧线。

3. 火花光源的特点

（1）稳定性比电弧好很多，分析结果再现性好、准确度高，比较适合定量分析。

（2）温度很高，激发能力和电离能力较强，适合于测定激发电位较高的元素。

（3）自吸效应较小，扩大了定量分析的线性范围。

（4）电极温度较低，对试样的破坏较小，适合于成品、半成品分析。

（5）电极温度低、蒸发能力差，使检出限差，一般不太适于微量和痕量元素的分析。

（6）谱线亮度小，预燃时间和曝光时间较长，最适合于激发电位较高和含量较高、熔点低、易挥发试样的定量分析。

六、其他光源

（一）等离子体焰炬

1. 等离子体光源的类型

等离子体是一种电离度大于0.1%的电离气体，由电子、离子、原子和分子等组成。等离子体中，电子和正离子的浓度处于平衡状态，从宏观上看呈现电中性，也称为物质的第四态，即是一种由自由电子、离子、中性原子与分子所组成的在总体上呈中性的气体。

从广义上讲，光谱分析中通常采用的交流电弧、直流电弧以及火花放电，都是等离子体，但现代光谱分析中所说的等离子体光源，只是指那些具有火焰形状的放电光源。虽然等离子体光源不仅外形与火焰相似，时间和空间分布的稳定性也近似于火焰，但温度却比火焰高得多，在许多方面则具有放电型光源的特征。因此，这里所说的等离子体光源，主要指新近发展起来的以下三类光源：

（1）直流等离子焰（DCP）。

（2）高频等离子炬，频率小于100MHz，有电容耦合高频等离子体炬（CCP）和电感耦合高频等离子体炬（ICP）。

（3）微波等离子炬，频率为200～9000MHz，有电容耦合微波等离子体炬（CMP）和微波感生等离子体炬（MIP）。

其中，以电感耦合高频等离子体炬（Inductively Coupled High Frequency Plasma，ICP）光源的研究和应用最为广泛、深入，约占全部等离子体光谱法研究和应用文献数目的80%以上。用电感耦合高频等离子体炬（ICP）作为原子发射光谱的激发光源，是20世纪70年代后迅速发展起来的一种新型光源，也是发展最快、应用最广、效果最好的新型等离子体光源。

2. 等离子体光源的特点

等离子体光源有如下共同特点：激发能力强、灵敏度高、检出限低、线性范围宽、自吸现象小等。

3. ICP 炬的形成

电感耦合高频等离子体炬（ICP）用电感耦合传递功率，是应用较广的一种等离子体光源。

ICP 的产生是利用感应加热原理，在高频电磁场作用下，使流经石英管的气体（通常是氩气）电离而形成能自持的稳定等离子体。产生 ICP 所用的石英管由三支同轴石英管组成，在有气流的石英管外套装一个高频感应线圈（见图 2-9），这个感应线圈又与高频发生器连接，当高频电流通过线圈时，在管的内外形成强烈的振荡磁场。管内磁力线沿轴线方向，管外磁力线形成椭圆闭合回路。一旦管内气体开始电离（如用点火器），电子和离子则受到高频磁场所加速，产生碰撞电离，电子和离子急剧增加，此时在气体中感应产生涡流。这个高频感应电流产生大量的热能，又促进气体电离，维持气体的高温，从而形成等离子炬。为了使所形成的等离子炬稳定，通常采用三层同轴炬管，等离子气沿着外管内壁的切线方向引入，迫使等离子体收缩（离开管壁大约1mm），并在其中心形成低气压区。这样一来，不仅能提高等离子体的温度（电流密度增大），而且能冷却炬管内壁，从而保证等离子炬具有良好的稳定性。

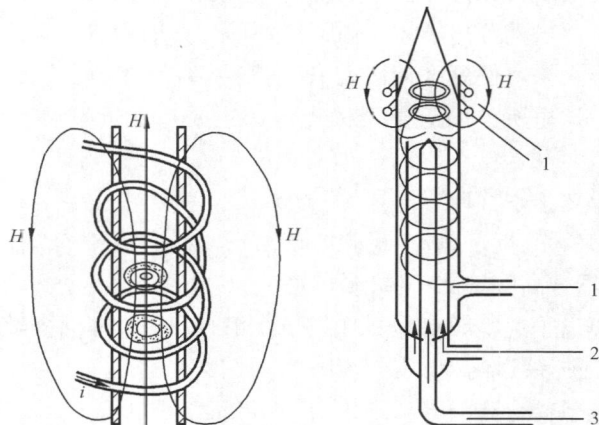

图 2-9 ICP 焰炬的形成

1—冷却气体；2—辅助气体；3—载气氩气和样品溶液

H—磁场强度；i—电流

ICP 装置由高频发生器和感应线圈、等离子炬管和进样系统（包括供气系统）三部分组成。高频发生器的作用是产生高频磁场以供给等离子体能量。应用最广泛的是利用石英晶体压电效应产生高频振荡的他激式高频发生器，其频率和功率输出稳定性高。频率多为 $27 \sim 50\text{MHz}$，最大输出功率通常为 $2 \sim 4\text{kW}$。

（二）激光

激光是一种单色性好和高亮度的光。激光的光能量在空间、时间、频率上高度集中，具有方向性好、亮度高、单色性好、相干性好等特点。经过聚焦，光斑直径可控制，焦点温度达 10 000K 以上，几乎能把任何物质熔化和蒸发。

激光是光谱分析的一种新型光源。用激光作光源的激光显微光谱分析就是利用激光的高亮度、方向性强等特点，使样品的细微区域蒸发、激发摄取光谱而进行分析。

目前，激光光源主要用于微区分析。为了适应微区分析的要求，通常将激光器与显微镜组合使用。这种用于微区分析的激光光源称为激光显微光源。激光显微光源由激光器与光学显微镜组成，主要利用激光所产生的高温和方向性好等特点。经聚光后的激光束，光斑直径仅为 $10 \sim 300 \mu m$，因而可以使样品仅有微小区域的破坏。通常把用激光显微光源为激发源的发射光谱仪器称为激光显微发射光谱仪（LMES），或称为激光探针。

因此，激光显微光源通常包括激光器、显微聚焦系统、辅助激发装置和供电系统四部分。其中，激光器是产生激光的装置，它主要由工作物质（激光材料）、激励光源（泵源）和光学谐振腔三部分组成。工作物质的作用是提供具有容易实现粒子数反转的亚稳能级的粒子；激励光源是实现工作物质中亚稳能级粒子数反转的能量供给；而光学谐振腔的作用是选取一定频率、一定方向的光进行反馈放大。显微镜系统的作用，一方面是对微小分析目标进行显微观察、瞄准和照相，另一方面是将激光束聚焦到所瞄准的微小试样上。辅助激发系统的作用是，提高激发效果、改善谱线质量、降低检出限，该系统由火花线路和辅助电极组成。

激光作为激发光源的特点：①对样品微区进行分析，消耗样品量非常少，几乎不破坏样品；②高蒸发性和高激发能力，灵敏度高，检出限低，达 10^{-12} g；③样品不需预处理，无论大小、形状和是否导电，可直接分析。

基于上述特点，激光已广泛应用于地质、冶金、医学、生物、陶瓷、硅酸盐等方面，适用于直径为 $10 \sim 300 \mu m$ 的微区分析，能测定 60 种元素。

第三节 光 谱 仪

物质的辐射，具有各种不同的波长。由不同波长的辐射混合而成的光称为复合光。把复合光按照不同波长展开获得光谱的过程称为分光。不同波长的光具有不同的颜色，所以分光也称为色散。色散常用棱镜或光栅来实现。完成分光或色散作用，获得光谱，并可进行光谱观测的仪器称为光谱仪。因此，光谱仪的主要作用是将光源发射出来的具有各种波长（或频率）的辐射能（复合光）进行分光，即按波长顺序进行空间排列，以获得光谱。

光谱仪的光学系统通常由照明系统、色散系统和成像系统组成（见图2-10）。

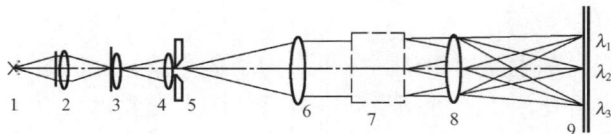

图 2-10　光谱仪光学系统示意图
1—光源；2、3、4—透镜组；5—狭缝；6—准直物镜；
7—色散元件；8—聚焦物镜；9—焦平面

照明系统由一个或几个照明透镜和光阑等组成。由光源发出的光经过照明系统后，均匀地照射到狭缝上。成像系统由狭缝、准直物镜、聚焦物镜等组成。由狭缝进入的散射光，经准直物镜后成为平行光，照射到色散元件上。色散系统由色散元件组成，由准直光路射出的平行光束，经过色散元件之后获得色散。色散之后，不同波长的光以不同的角度进入成像系统的聚焦光路。所以，色散系统是光谱仪的核心。

由此可见，由光源发出的光，经过照明系统后均匀地照明狭缝，然后经准直物镜成为平行光，照射到色散元件上。色散后由聚焦物镜聚集在焦平面上，获得清晰的光谱。这时获得的光谱，可以用眼睛观察、照相记录或光电测量。

一、光谱仪的种类

利用色散元件及其他光学系统将辐射光按波长顺序展开，并以适当的接收器接收不同波长辐射光的仪器称为光谱仪。光谱仪由五部分组成，即狭缝、准直光镜、色散元件、物镜和光辐射接收器。

依据对光辐射的接收方式，光谱仪可分为看谱镜、摄谱仪和光电直读光谱仪三大类。

以目视方式观测光辐射的光谱仪称为看谱镜，这种光谱仪仅适合观测可见光区的光辐射。以照相方式并借助映谱仪及测微光度计来观测光辐射的光谱仪称为摄谱仪。这种光谱仪可观测可见光区和近紫外光区的光辐射。由出射狭缝射出的光辐射以光电倍增管将光信号转换为电信号而加以测量的光谱仪称为光电直读光谱仪。

依据色散元件的不同，摄谱仪可分为棱镜光谱仪和光栅光谱仪两类。棱镜光谱仪根据棱镜材料不同，可分为适于紫外光区的石英棱镜光谱仪和适合可见光区的玻璃棱镜光谱仪。根据棱镜色散率大小的不同，又可分为大型、中型和小型摄谱仪三种。

目前多采用光栅作为光谱仪的色散元件，下面重点介绍光栅的分光原理及特点。

二、光栅的分光原理和特点

光栅在一百多年以前就已刻制出来，但直到 20 世纪 50、60 年代，由于刻制与复制技术以及全息技术的进步，光栅质量有了显著改进，成本大大降低，才取代棱镜成为光谱仪的色散元件。

与棱镜相比，光栅的优点是：①价格比棱镜低得多；②反射光栅的工作波长范围不受限制，而在 120nm 以下及 $60\mu m$ 以上的波长范围内没有材料可做棱镜；③可通过提高刻线密度、利用高谱级的办法提高色散率和分辨率；④红外区使用的棱镜材料 NaCl 晶体、KBr 晶体易潮解损坏，仪器对环境要求苛刻，而光栅仪器相对容易维护。

如今，光谱仪器通常采用反射式平面衍射光栅作为分光元件。光栅光谱仪与棱镜光谱仪结构上的区别，只是采用衍射光栅代替棱镜作色散元件，根据光的衍射现象进行分光。在现代发射光谱分析中，由于光栅光谱仪具有许多优越的性能，因此比棱镜光谱仪的应用更为广泛。下面主要以光栅为例说明分光原理。

1. 光栅分光原理

光栅是一精密的平面上刻有的许多平行的刻痕。可见，反射光栅是由许多平行、等距、等宽、间隔很近的反射槽面组成的色散元件。光线投射到反射光栅表面时发生衍射。

平面光栅可以作色散（分光）元件。光栅是利用光的单缝衍射和多缝干涉现象来实现分光的。

入射方向与光栅法线 N 的夹角 α 为入射角，衍射方向与光栅法线 N 的夹角 β 为衍射角，光栅相邻两刻线间的距离 d 为光栅常数。光栅的工作面（反射面）与光栅面相交成一角度，称为闪耀角，这种光栅称为闪耀光栅。

平面反射光栅的衍射图如图 2-11 所示。

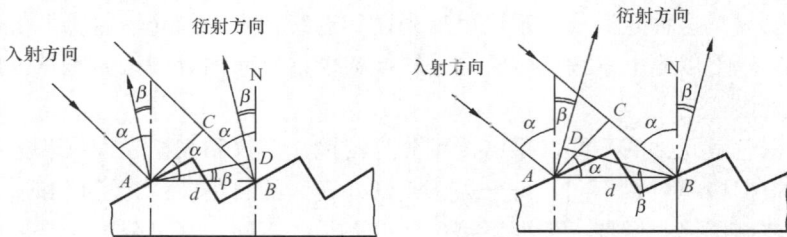

图 2-11　平面反射光栅的衍射图

当复色光经准直后以一定入射角平行投射于光栅工作面时，各种波长以不同的衍射角射出。根据光栅方程给出参数之间的关系：

衍射方向与入射方向在法线同侧，光束的光程差为

$$\Delta L = CB + BD = d\sin \alpha + d\sin \beta \tag{2-3}$$

衍射方向与入射方向在法线异侧，光束的光程差为

$$\Delta L = CB - AD = d\sin \alpha - d\sin \beta \tag{2-4}$$

各种衍射光发生干涉，当波长 λ 的整数倍等于光程差时，该衍射角就是该波长的衍射方向，此时有

$$n\lambda = d(\sin \alpha \pm \sin \beta) \tag{2-5}$$

式中　n——光谱级次，干涉级次，$n=0$，± 1，± 2，…；

　　　d——光栅常数，即相邻两刻痕之间的距离；

　　　α——入射角，入射光与光栅法线的夹角，永远取正值；

　　　β——衍射角，衍射光与光栅法线的夹角，同侧为正。

n 可以是包括零的整数，称为光谱级次或谱级。当 $n=0$ 时，任何波长同时满足光栅方程而不起色散作用，表现为白光，叫做零级线，出现在 $\alpha=\beta=0$（沿法线方向入射并衍射），或 $\alpha=\beta$（衍射方向在法线另一侧并与反射方向一致）时。

式（2-5）是一个非常重要的方程，它不仅适合于平面透射光栅和平面反射光栅，而且适合于凹面光栅。从该式可以看出：

（1）当光栅常数 d 及入射角 α 为给定值时，对于某一谱级 n，不同波长 λ 的光会被衍射到不同的 β 角方向，这就是光栅的分光作用。而后，这些光束经聚焦就成为按波长排列的狭缝像。每条谱线是入射狭缝的单色光像。

（2）当光栅常数 d 及入射角 α 为给定值时，对于 0 级光谱（$n=0$），由光栅

方程可知，$\beta=-\alpha$，这时光栅的作用就像一面反射镜，在 $\beta=-\alpha$ 方向成一不被分光的零级像，入射光束中的所有波长的光都叠加在这零级像中，光栅没有分光作用，所以说光栅的零级光谱仍是原来的复合光。

（3）当 β 与 α 不在光栅法线的同侧（此时 β 为负值），并且 $|\beta|>\alpha$ 时，由光栅方程可知，n 应为负值，这表示衍射而产生的光谱与入射光束不在零级像的同侧。

（4）对于同一谱级，波长越短的谱线离零级像越近。

（5）当光栅常数 d、入射角 α 及衍射角 β 给定时，即在某一固定 β 角方向观察光谱时，光栅方程的右边将是一个常数，则 $n\lambda=$ 常数，这时对于不同级（n）与不同波长（λ）的乘积，只要等于该常数，则在衍射角 β 方向上均可观察到这些波长的光。一级光谱中波长为 λ 的谱线与波长为 $\lambda/2$ 的二级谱线、波长为 $\lambda/3$ 的三级谱线……重叠在一起，这是光栅光谱的一个特点。

可见，当含有不同波长的复合光以某一角度照射到光栅上时，对某一确定的光谱级次，衍射角就是波长的函数，波长越短，衍射角越小；波长越长，衍射角越大。从而光栅就能把复合光分解成按波长排列的光谱图。

常用的光栅刻痕密度每毫米为 1200 条、1800 条或 2400 条等。

根据工作方式不同，光栅可分为透射光栅和反射光栅。光栅光谱的产生是多狭缝干涉与单狭缝衍射共同作用的结果，前者决定光谱出现的位置，后者决定谱线强度分布。

2. 色散率

分开不同波长光束的能力叫做光谱仪的色散率。光谱仪器的色散率越大，在光谱中相邻波长谱线间的距离也越大，而且光谱扩展得也越宽，因此，光谱仪器的色散率大，不同元素谱线重叠的机会就少些，这对于谱线很复杂的合金来说，分析起来要方便得多。

色散率是表征光谱仪器性能的主要光学指标之一，可分为角色散率和线色散率。

（1）角色散率。角色散率（k）——两束波长相邻的光线间的角距离除以波长之差，即

$$k=\frac{\Delta\beta}{\Delta\lambda}=\frac{n}{d\cos\beta} \tag{2-6}$$

角色散率 $\dfrac{\Delta\beta}{\Delta\lambda}$ 是表示波长差为 $\Delta\lambda$ 的相邻两谱线通过色散元件后，它们的偏转角度间相差一很小值 $\Delta\beta$。可见，d 值越小，光栅刻痕越多，色散率越大。

（2）线色散率。线色散率（D）——感光板上两条谱线间的直线距离除以波长之差，即

$$D = \frac{\Delta l}{\Delta \lambda} = f \frac{\Delta \beta}{\Delta \lambda} = fk \qquad (2\text{-}7)$$

D 不仅与 k 有关，还于物镜焦距 f 有关，随 f 增大而增大。但需指出，采用长焦距物镜将不可避免地引起所得谱线亮度的减弱，因为亮度与离开光源的距离平方成反比。所以，增大色散率最好的办法是增加角色散率。

（3）倒线色散率。习惯常用线色散率的倒数 $\frac{\Delta \lambda}{\Delta l}$ 来表示色散能力，称为倒线色散率。表示焦平面（感光板）上单位长度范围内所包含的波长范围（波长差值），这个比值越小，色散率越大，如倒线色散率 0.8nm/mm 优于 1.84nm/mm。

3. 分辨率

两条波长相差极近的光谱，在感光板上能保证产生刚能分得开的狭缝的像时，此平均波长与波长之差的比值叫做分辨力（R），具体表达式为

$$R = \frac{\lambda}{\Delta \lambda} = \frac{nD}{d} \times \frac{1}{\cos \beta} \qquad (2\text{-}8)$$

在法线附近，$\beta \approx 0$、$\cos\beta \approx 1$，所以光谱仪理论分辨率为

$$R = nD \frac{1}{d} \qquad (2\text{-}9)$$

式中　n——谱级；

　　　D——物镜直径；

　　　$\frac{1}{d}$——光栅刻线密度。

可见，光谱仪理论分辨率都正比于光谱谱级和光栅的刻线密度。

光栅的实际分辨率由于其他因素影响要比理论分辨率低，如光栅表面的光学质量不佳、刻线间距微小不均匀性等。

分辨率与波长有关，长波的分辨率要比短波的分辨率小，棱镜分离后的光谱属于非均排光谱。所以，棱镜的分辨能力取决于棱镜的几何尺寸和材料。

分辨率大小不仅与色散元件的性能有关，也取决于成像的大小，因此希望采用较窄的进口狭缝。分辨率用来衡量单色器能分开最小波长间隔的能力；最小间隔 S 的大小用有效带宽表示，即

$$S = D'W \qquad (2\text{-}10)$$

式中　D'——倒线色散率；

W——狭缝宽度。

在原子发射光谱分析中，定性分析时，减小狭缝宽度，使相邻谱线的分辨率提高；定量分析时，增大狭缝宽度，可得到较大的谱线强度。

三、看谱镜及其特点

目前，看谱镜是电站金属光谱分析应用最为广泛的一种光谱分析仪，能成功地用于钢铁及合金的分类。特别是携带式看谱镜适用于现场较大试样或不易移动或不能破坏的材料分析、合金的牌号分类等。以下主要介绍看谱镜的特点。

利用安装在光谱仪成像物镜焦面处的一个目镜，直接用人的眼睛观察样品光谱而进行光谱分析的仪器叫做看谱镜。看谱镜可以对物质元素作定性和半定量分析。利用元素的特征谱线，可以确定元素是否存在，并根据谱线的亮度来判定元素的含量。

看谱镜是依靠眼睛完成光谱的检测。眼睛对 550nm 左右的绿光最为敏感，而对绿光两侧的黄、红和蓝、紫光的灵敏度则较低。因此，在选择分析线时，要注意这一点。眼睛的另一特点是，在黑暗的环境中对光的灵敏度比较高，因而看谱宜在较暗的环境下进行。

看谱镜并不需要复杂的检测系统，其仪器结构简单、检测速度较快，且检测的光流量与时间无关。但是由于眼睛观察的光谱区窄、测定元素少，因此能估计的含量范围窄，分析准确度较差。

看谱镜适用于工作现场或实验室对黑色和有色金属进行快速定性和半定量分析，是快速鉴别金属牌号、区分混料、确定元素种类的较理想的设备。

看谱镜分为台式看谱镜（固定式）和携带式看谱镜（便携式）。

下面介绍几种常见的看谱镜。

1. WKT-6 型固定式看谱镜

WKT-6 型固定式看谱镜外形如图 2-12 所示。

仪器成套性：WKT-6 型看谱镜 1 台、WPF-26 型交流电弧发生器 1 台；仪器体积尺寸：主机 455mm × 465mm × 250mm、质量 17kg，发生器 320mm × 160mm×260mm、质量 6.8kg。

主要特点：

（1）有两个试样分析台，能

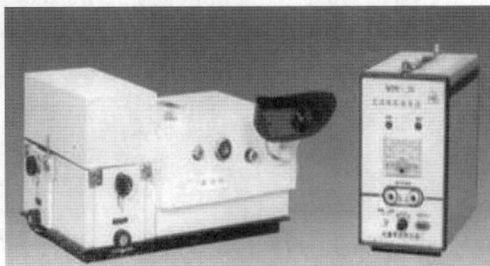

图 2-12　WKT-6 型固定式看谱镜外形

同时分析两个样品，可同时比较两个样品的光谱，为视谱学习和观测带来了便利。

（2）仪器内装有排风机构，电极和试样激发时产生的有害气体可通过软管排到室外，消除室内空气污染。

（3）试样台有外罩密封，能消除弧光和噪声对人身的伤害。

（4）试样台倾斜、双头镜照明等最新设计，使光谱稳定度更佳。

（5）设有照明监察窗，可随时观察光点燃烧情况。

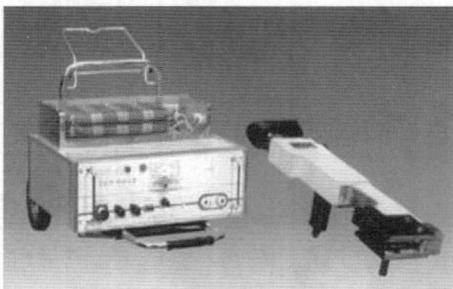

图 2-13　WX-5 型便携式看谱镜外形

（6）操作手续简化、光谱清晰亮度适中、观测分析稳定，仪器内部设计有自动调焦补偿结构，在不同波段分析操作时，不再需任何调整，使用方便。

2. WX-5 型便携式看谱镜

WX-5 型便携式看谱镜外形如图 2-13 所示。

该仪器适用于在工作现场或实验室对黑色金属和有色金属进行快速定性和半定量分析，是快速鉴别金属牌号、区分混料、确定元素种类的理想设备，广泛用于分析钢铁、铜、铝等金属。

主要特点：

（1）结构轻巧、移动方便、分析迅速、经济可靠。

（2）设有波长调焦、自动补偿、光点监视和光源方向调整机构，使用方便。

3. WX-5A 型便携式看谱镜

WX-5A 型便携式看谱镜外形如图 2-14 所示。

主要用途：该轻便型看谱镜非常适用于工作现场或实验室对有色金属、黑色金属进行快速定性和半定量分析，如建筑工地现场混料鉴别，安装现场零件材质复验，废旧金属分类，电炉炼钢优化配方技术中合金材料的挑选归类，机械设备、化工装置大修中金属材料牌号分析，金属材料

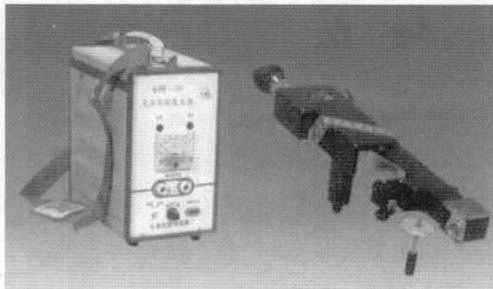

图 2-14　WX-5A 型便携式看谱镜外形

入库前、发货前材质复验等。

主要特点：

（1）结构轻巧、携带方便，设有波长调焦、自动补偿、光点监视和光源方向调整机构，分析迅速、准确。

（2）主要技术指标：波长范围 390～700nm；分辨本领 0.05～0.11nm。

（3）目视可分开下列线对：Fe 613.66nm 和 613.77nm；Fe 487.13nm 和 487.21nm；Mn 476.59nm 和 476.64nm。

仪器成套性：配套激发光源；WPF-26 型轻便型一体交流电弧发生器，如用户需要高空作业和远离电源工作时，可选用电源延长线轴或 WJJ-24A 分体交流电弧发生器，即可获得满意的效果。WPF-26 轻便型交流电弧发生器体积为 320mm×160mm×260mm，质量为 6.8kg。

4. WK3 小型看谱镜

WK3 小型看谱镜外形如图 2-15 所示。

仪器特点：采用光栅作为色散元件，谱线清晰、明亮、鲜艳。该仪器适用于 390～700nm 波长范围内，对合金钢及有色金属进行目视、定性和半定量的快速光谱分析。主要分析的元素有：①钢：Cr、W、Mn、V、Mo、Ni、Co、Ti、Al、

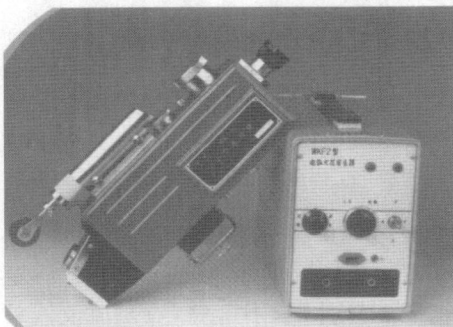

图 2-15　WK3 小型看谱镜外形

Nb、Zn、Si、Cu 等；②铜合金：Zn、Ni、Mn、Fe、Pb、Sn、Al、Be、Bi 等；③铝合金：Mg、Cu、Mn、Fe、Si、Zn 等。该仪器轻巧方便，特别适用于现场对较大试样和不能破坏的机件的材料分析、废料分析、合金牌号的分类等。因此，对高空铁塔、桥梁、电站锅炉等高空作业尤为适用。

5. WK1 台式看谱镜

WK1 台式看谱镜外形如图 2-16 所示。

该仪器适用于 390～700nm 波长范围内，对钢铁及有色金属合金进行目视定性和半定量的快速光谱分析。主要分析元素有：①钢：Cr、

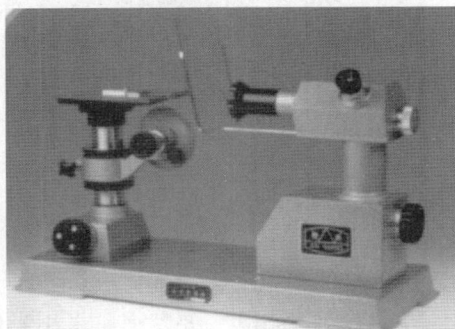

图 2-16　WK1 台式看谱镜外形

W、Mn、V、Mo、Ni、Co、Ti、Al、Nb、Zr、Si、Cu 等；②铜合金：Zn、Ni、Mn、Fe、Pb、Sn、Al、Be、Bi 等；③铝合金：Mg、Cu、Mn、Fe、Si、Zn 等。仪器特点是：采用光栅作色散元件，谱线清晰、明亮、鲜艳，分辨率高；可以对光谱摄谱；电极装夹采用多种规格，使用方便；采用正弦机构驱动光栅，可以在波长手轮上读到视场中心谱线相对应的波长；全波段内设有像平面调焦补偿系统，全谱面清晰。

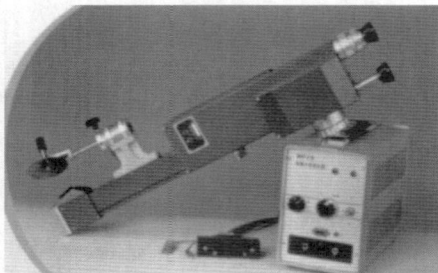

图 2-17　WKX（34W）验钢镜外形

6. WKX（34W）验钢镜

WKX（34W）验钢镜外形如图 2-17 所示。

该仪器适用于 390～700nm 波长范围内，对钢铁及有色金属合金进行目视定性和半定量的快速光谱分析。主要分析元素有：① 钢：Cr、W、Mn、V、Mo、Ni、Co、Ti、Al、Nb、Zr、Si、Cu 等；②铜合金：Zn、Ni、Mn、Fe、Pb、Sn、Al、Be、Bi 等；③铝合金：Mg、Cu、Mn、Fe、Si、Zn 等。特别适用于现场对较大的试样或不易移动的和不能破坏的机件的材料分析、废料分析、合金的牌号分类等（包括仓库、露天材料场等进行直接的分类或混料鉴别等工作）。特点：该仪器采用光栅作色散元件，谱线清晰、明亮、鲜艳，分辨率高。

7. WK4 光纤看谱镜

WK4 光纤看谱镜外形如图 2-18 所示。

该仪器适用于 390～700nm 波长范围内，对合金钢及有色金属进行目视、定性半定量的光谱快速分析。主要分析的元素有：① 钢：Cr、W、Mn、V、Mo、Ni、Co、Ti、Al、Nb、Zn、Cu

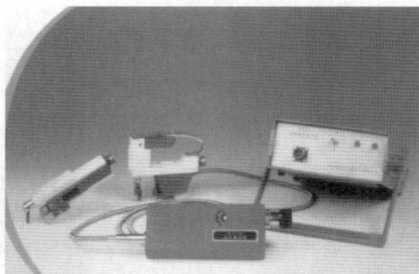

图 2-18　WK4 光纤看谱镜外形

等；②铜合金：Zn、Ni、Mn、Fe、Pb、Sn、Al、Be、Bi 等；③铝合金：Mg、Cu、Mn、Fe、Zn 等。该仪器采用光纤传输照明入射狭缝，除对一般试样看谱分析外，对狭小空间如管道内壁、容器内部、顶上机件都可进行看谱分析。该仪器是目前国内体积最小、质量最轻的看谱镜，其主要特点是采用光栅作色散元件，谱线清晰明亮、鲜艳。

四、看谱镜的工作原理及维护

1. 工作原理

看谱镜的两电极间，即被分析试样和圆盘电极间激发电弧或火花时各元素以不同波长的光波辐射，经仪器会聚、色散、聚焦，通过目镜即可看到从紫色到红色的一组明亮清晰的谱线。按其谱线的位置及强度可以确定各元素及其含量。大部分元素当含量在 0.1％～0.5％时即可以看到它所产生的谱线。

看谱镜测量光谱波长范围一般为 390～700nm，分辨范围为 0.05～0.11nm。

可分开线对：Fe613.66nm 和 613.77nm，Fe487.13nm 和 487.21nm。

2. 看谱镜的构造与维护

看谱镜的形式多样，但它们在构造上基本类似，分为电弧—火花发生器和光学系统。

（1）电弧—火花发生器的结构与故障检修。有关电弧发生器的结构和原理可参阅有关技术资料。

电弧—火花发生器的维护要求：

1）发生器的工作环境要求干燥通风，湿度不应大于 75％。

2）在使用各种类型发生器之前，应检查各部件连接是否正确牢靠，特别是地线必须连接牢固，有些仪器说明书特别标明了电源插头上所对应的相线、中线与地线，要按规定正确连接。

3）定期（约工作 200h）将放电盘或辅助间隙拆下进行清理，除去氧化层，打磨光滑。保护间隙也要经常清理，用砂布打磨光滑。安装时，间隙距离应按规定调节好。

4）发生器在连续工作时，特别是大电流电弧工作时，应根据发生器发热情况适当停机休息（或风冷），待冷却后再用。

5）发生器内部各部件所积贮的油泥和尘土，至少每年擦拭一次。

电弧发生一般故障的检修：

1）发生器不起弧、电源指示灯不亮、供电电源不通，应检查熔断器及电源电路。

2）高频引燃回路不工作，应检查高压电路熔断器、断路器插销接触是否良好，放电盘间隙的距离是否太大或太小；或者电源电压过低，使电容器的电压达不到击穿放电间隙所需的电压。

3）接通开关后，继电器工作正常，但只有高频火花而无低频电弧电流，原因可能是低压回路熔断器断开，或电阻接触不好。

4）电弧电流不稳定，可能是下列情况：放电盘表面氧化，导线高频漏电，环境湿度太大，高频高压元件有电晕或击穿现象。当使用水平电弧时，抽风不好也是造成不稳定的一个原因。

5）继电器不工作或工作不正常（如产生蜂鸣声、敲击声），这时应检查继电器线圈接触情况及供电情况，并检查支架是否松动、闭合是否紧密。

火花发生器一般故障的检修：

1）高压电路不道、高压指示灯不亮，应先检查高压保险管和门开关工作是否正常，按钮的触头是否可靠。

2）发生器开动后，指示灯、电压表指示正常，电流表的指针偏转，电极之间没有火花，可能与下列情况有关：变阻器的滑刷接触不良，变阻器的线圈断路，辅助间隙和分析间隙过大，转换开关有毛病，其他电路断路或接触不良。如果核查确定这些方面均无故障，则说明高压变压器的一次绕组可能发生故障或烧毁。

3）发生器开动后，指示灯、电压表指示正常，电流表的指针偏转不大，电极之间没有火花，则需检查变阻器的电阻是否太大，电容及电感的连接处接触是否良好，电极架的接线是否良好。

4）发生器开动后，电流表指示电流很大，电极之间没有火花，则需检查高压变压器的一次绕组和电容器是否出故障。

（2）光学系统。图 2-19 所示为便携式看谱镜的光路图，可以看出，辐射光通过隔热保护玻璃，经棱镜射向聚光镜，会聚在狭缝上，狭缝位于物镜的焦平面上，光线经物镜变为平行光射向光栅，经光栅色散后分解成光谱，又逆向通过物镜，经转向棱镜，谱线成像在视场光阑的平面上，透镜组成放大倍数 15 倍的显微镜，通过它即可看到清晰的谱线。目前，看谱镜一般采用平面光栅作色散元件。

光学系统是看谱镜的重要部件，要特别注意保持清洁，不要随便用手接触。

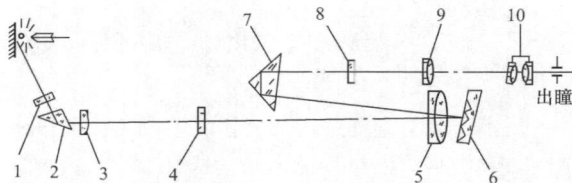

图 2-19　看谱镜光路图

1—隔热玻璃；2—反射棱镜；3—聚光镜；4—狭缝；5—望远镜；
6—光栅；7—转向棱镜；8—视场光阑；9、10—放大镜

光学系统具有以下要求：

1）保持清洁。灰尘过多，容易渗入仪器内部，沾污光学元件表面，直接影响仪器的透过率，以致损坏光学元件的表面。灰尘沾污狭缝和光学元件表面，对光强影响最大，直接影响光谱的成像。仪器上的积尘，要用软毛刷、洗耳球或吸尘器清除。如果光学元件沾上了指印或油迹，可以采用酒精、乙醚等清洗。

2）防止腐蚀、保持干燥。潮湿、腐蚀的环境会使光学元件发霉生雾，机械零件腐蚀生锈。对污染不洁和轻度霉雾的光学元件表面，普通透镜和棱镜上的水迹、油迹、指印、灰尘、脏物和轻度的霉雾，可用脱脂棉蘸酒精乙醚混合液（约3：7）擦拭除去。氟化锂透镜和棱镜的油污可用纯乙醚清洗除去。

3）防止振动。机械振动会造成光学元件的相对位移，破坏光学成像关系，使谱线模糊，影响使用。

五、光电直读光谱仪

1. 光电光谱分析及其特点

发射光谱分析根据接收光谱辐射方式的不同而分为看谱法、摄谱法和光电法三种，这三种分析方法都是把激发样品获得的复合光通过入射狭缝射在分光元件上，被色散成光谱，通过测量谱线强度而求得样品中被分析元素的含量。这三种方法的区别在于：看谱法用人眼去接收；摄谱法用感光板接收；光电法则使谱线通过置于光谱焦面处的出射狭缝，用光电倍增管接收光谱辐射。

光电法是由看谱法及摄谱法发展而来的，主要用于定量分析。摄谱法要在暗室中处理感光板，测量谱线黑度，分析速度受到限制。光电转换技术在发射光谱仪上的成功应用，产生了光电直读光谱分析新技术。由于光电直读光谱分析是由摄谱法发展而来的，摄谱法的许多工作原理仍沿用在光电法光谱分析工作中。因此，本章所讨论的仅限于光电法光谱分析的某些特殊性问题。与摄谱法相比，光电法光谱分析具有下述特点。

（1）分析速度快。由于通过光电倍增管将光信号转变为电信号而加以测量，从而避免了摄谱法暗室处理和谱线黑度测量等费时过程，特别是计算机技术的引入，大大加快了测量和分析速度，这对于冶金工业中某些冶炼过程的分析具有重要的应用价值。

（2）分析准确度高。摄谱法的感光板及测光方面引入的误差一般在1％以上，而光电法的测光误差可降到0.2％以下，因此光电法具有较高的准确度。有的光电光谱仪在电子计算机的控制下进行较高含量元素的测定，其准确度可与化学分析法相比。

（3）适用波长范围广。光电法适用的波长范围是由光电倍增管的性能决定的。若使用石英窗口的光电倍增管和真空光谱仪，可用的波长可短至170nm，因此可以测定摄谱法难以测定的处于真空紫外区的元素。

（4）适用的含量范围宽。由于光电倍增管对信号的放大能力很大，对于强弱不同的谱线所用的光电倍增管可用不同的放大倍率，相差可达10 000倍，因此，光电法可用同一分析条件对样品中含量范围差别很大的多种元素同时进行分析。

光电光谱仪的应用也具有一定的局限性。由于大部分光电光谱仪出射狭缝的数目和位置是固定的或半可调的，对于某台光电光谱仪来说，能分析多少种元素和能分析哪些元素，已基本固定或只可在一定范围内调整。因此，光电光谱仪对于定型产品的例行分析较为合适，而对样品变化复杂的部门来说，光电光谱仪就缺乏足够的适应性。新型光电光谱仪在适应性方面已经有了较大的改进。

2.　光电光谱仪的结构原理

光电光谱仪由稳压电源、激发光源、光电光谱仪和测光读数仪四部分组成。由光源激发辐射的光经光电光谱仪分光后，由其上的光电倍增管同时接收各分析元素的分析线，并将光强转化为电流，输入到测光读数仪中，最后由指示电表给出代表谱线强度的读数，将这个读数输入电子计算机中，即能把读数进一步换算成元素含量。显示或打印出的结果可以是谱线的强度，也可以是元素的含量。光电光谱分析可以用与摄谱法相同的光源发生器，但对性能提出了更高的要求。采用光电光谱分析，由于排除了感光板和显影方面的误差，代替的是光电直读转换方面的测量误差，因此误差可降低到很小。就降低总误差而言，降低光源方面的误差，将起到显著的作用。由于光电光谱仪采用性能好的光源发生器，降低了激发误差，因此可显著提高分析准确度。所采用的发生器常常是由电子线路控制放电，其放电较为稳定。

多道光电光谱仪，对接收的每一条分析线或内标线都有一个出射狭缝，出射狭缝后面常附有平面或凹面的反射镜，以便把通过出射狭缝的分析线反射到对应于每个出射狭缝的光电倍增管。

光电光谱仪装有多个出口狭缝，实际上是一个多道仪。光电光谱仪的光电倍增管产生的光电流是入射光光通量的函数。从照度方面考虑，对于光电光谱仪的入射狭缝来说，狭缝增宽则照度增加，但狭缝宽度增加到超过谱线的本身宽度后，其照度不再增加，只是谱线的像变宽而已。但背景强度则不受限制，入射狭缝加宽，背景强度继续增加。因此，入射狭缝不能太宽，否则会使谱线强度与背景强度比变小，进而影响分析结果。

光电光谱仪都采用凹面光栅作分光元件，以满足有一个较长的焦面，可包括较宽的波段而便于安装更多的光道。

3. 光电光谱仪的主要部件

下面就光电光谱仪的主要部件加以介绍。

（1）出射狭缝。光电光谱仪的谱线接收器由出射狭缝和光电倍增管组成。出射狭缝在仪器中起着重要的作用，每一个光道有一个出射狭缝，因此多道光电光谱仪装有很多出射狭缝，一般有数十个。出射狭缝由两个平行的刀口所组成，其间的宽度是固定的，其形状多数是直形的。

出射狭缝必须对正所要接收的分析线或内标线。出射狭缝和谱线的相对位置对分析结果是很重要的。为了保证分析结果准确，要求谱线中心最大程度上与出射狭缝的中心位置重合。

（2）色散装置。目前，光电光谱仪的色散系统多采用光栅色散装置。平面光栅装置在光电光谱仪中的应用较少，凹面光栅装置和阶梯光栅交叉色散装置较多地应用于光电光谱仪中。

平面光栅是借助于成像系统来成像的，而凹面光栅可以认为是把平面光栅光谱仪中的色散元件和成像系统合为一体，即把光栅刻在一个曲率半径为 R 的凹面反射镜上，则成为凹面光栅。这样，它既起到准直光镜的作用，又起到色散和成像作用。因此，凹面光栅光谱仪只有入射狭缝、凹面光栅和出射狭缝。

（3）光电转换元件。

1）光电倍增管。光电直读光谱仪所采用的光电转换元件通常是光电倍增管，它是在光电效应的基础上利用二次电子倍增现象制作而成的。光电倍增管外壳由玻璃或石英制成，内部抽真空。阴极（有时称为光阴极）为涂有能发射电子的光敏物质的电极，在阴极和阳极之间装有一系列次级电子发射极，即打拿极。阴极和阳极之间施加直流电压（约 100V），每相邻两个打拿极之间均有相等的电位差。当光照射阴极时，光敏物质发射电子，电子首先被电场加速落在第一个打拿极上，击出二次电子，这些二次电子又被电场加速落在第二个打拿极上而击出更多的二次电子，以此类推。到达阳极的是经多级倍增的数量很大的二次电子，这样，光电倍增管不仅起了光电转换作用，并且起着电流放大的作用。

2）固态检测器。固态检测器在光谱仪中的使用，在 20 世纪 90 年代得到快速发展。固态检测器光谱仪与光电倍增管光谱仪比较，具有若干显著特点。

它们具有良好的远紫外至近红外的光谱检测器，低噪声及高的量子效率，可获得良好的检出限和多元素同时测定的能力。其中，电荷耦合检测器（CCD）在光电直读光谱仪中被广泛应用。

CCD 全称为 Charge Coupled Device，称为电荷耦合器件。它使用一种高感光度的半导体材料制成，能把光线转变成电荷，然后通过模数转换器芯片将电信号转换成数字信号，数字信号经过压缩处理经接口传到计算机上就形成了所采集的图像。CCD 上感光组件的表面具有储存电荷的能力，并以矩阵的方式排列。当其表面感受到光线时，会将电荷反映在组件上，整个 CCD 上的所有感光组件所产生的信号，就构成了一个完整的画面。

当采用 CCD 等固态检测器作为光谱仪的检测器时，由于光的接收方式不同，仪器的结构也发生了重大变化。分光系统仍采用传统的全息衍射光栅分光，检测器采用线阵式 CCD 固体检测元件，光线经光栅色散后聚集在探测单元的硅片表面，检测器将光信号转换成电信号，经计算机进行快速高效处理得出分析结果。

一个 CCD 板可同时记录几千条谱线，在测定多种基体、多元素时，不用增加任何硬件，仅用电路补偿，在扫描图中找到新增加的元素，就可进行分析。由于光室很小，因此无须真空泵，用充氩气的方法便可满足如碳、磷、硫等紫外波长区元素的分析要求。使用 CCD 可以作全谱接收，而不会出现传统光谱仪常遇到的位阻问题，距离很近的谱线也能同时使用，无须选择二级或三级谱线进行测量，这就极大地减小了仪器的体积和质量，使光谱仪器向全谱和小型轻便化发展。目前，这类新型台式及便携式手提直读光谱仪正被更广泛地使用。可以说，CCD，技术的发展给光谱分析领域带来了革命性的进展。

4. 几种常见的光电直读光谱仪

以下是几种常见的光电直读光谱仪，简单介绍如下。

（1）德国 OBLF GS1000 直读光谱仪外形如图 2-20 所示。

技术参数：

1）光学系统的焦距为 500mm，光栅刻线数依据用户分析要求而定。

2）光室采用真空保护，真空泵运转周

图 2-20　德国 OBLF GS1000 直读
光谱仪外形

期小于 5%。

3）火花放电频率最高为 1000Hz，分析一个钢铁样品为 15s。

4）操作温度：12～35℃。

5）Windows 2000（MS-DOS 可选）操作系统。

6）体积：600mm×1050mm×1210mm（长×宽×高）。

7）质量：300kg。

主要特点：

1）免维护的激发光源采用了全新的 GDS（Gated Discharge Source，脉冲放电光源）技术、全固态电路、无辅助电极，最高可达 1000Hz 激发频率的光源，一次样品分析约需 15s。

2）由计算机控制真空泵的开启，真空泵的开启时间小于仪器全部运行时间的 5%，极大地延长了泵的使用寿命。

3）光学器件、积分板及控制电路均置于真空光室中。在真空气氛的保护下，可不受外界环境变化的影响，重现性及长期稳定性较好。

4）激发弧焰由透镜直接导入真空光室，消除光路损耗，保持数据的长期稳定性。

5）独特的自清洁开放式激发台，没有静态氩，在等待样品分析时可以不用氩气保护，大大地减少了氩气的消耗量。

GS1000 型仪器为通用单基体火花直读光谱仪，可对固体金属材料作快速成分分析，可进行氮及固溶物分析，最多可达 32 个分析通道。光学系统采用 PMT 检测器，光谱范围覆盖全部典型材料。仪器装备有氩气冲洗火花台，开放式设计火花台适合不同形状和尺寸的样品分析。该仪器可靠性好、稳定性高、分析速度快，是一款较好的炉前快速分析仪器。

（2）ESA-PORT 便携式直读光谱仪外形如图 2-21 所示。

技术参数：

1）光源：固态电弧光源、固态电弧和火花光源、计算机控制激发参数、计算机控制激发时间、断电保护。

2）光学系统：帕邢—龙格架法（焦距为 150mm、光栅刻线为 3600 条/mm、谱线范围为 200～560nm、高分辨率 CCD 检测器、

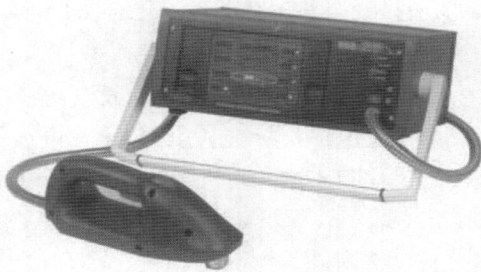

图 2-21　ESA-PORT 便携式
直读光谱仪外形

恒温系统）。

3）检测枪：抗震设计，集开始/打印/存盘功能于一体，LED 批示 GO 模式与 NOTGO 模式，1.5m 长光导纤维，可更换电极，电极材质银、钨、铜，易于维护。

4）主要特点：①尺寸小、质量轻；②电池供电，可方便地用于现场可靠的金属鉴别（PMI）分析；③分析速度快；④电弧/火花激发模式可选。

图 2-22　便携式全谱光电直读光谱仪外形（芬兰）

ESA-PORT 便携式光谱仪是金属材料现场检测的新一代产品。仪器采用 CCD 检测器，体积小、质量轻、携带方便、自带充电电池、使用灵活，可用于现场金属及合金材料的分类、牌号鉴别和成分分析。

（3）便携式全谱光电直读光谱仪外形（芬兰）如图 2-22 所示。

技术参数：

1）技术规格。主机［工业 PC、奔腾 CPU、TFT 彩色显示屏（640×400 像素）、接口（USB）、鼠标、键盘、网卡等］、软件（嵌入式操作系统、菜单驱动软件、实验室级校准模式和测量程序）、电源（230/115V 交流电 50/60Hz、直流电弧 1～5A 激励、脉冲直流电弧激励、电池至少可完成 200 次测量）、电源功率（待机时 90W、直流电弧激励时 250W、脉冲电弧激励时 500W）、防护（标准等级为 IP54/NEMA3）、环境温度（0～50℃）。

2）探头。平面激光全息光栅全光谱测量，波长范围为 175～370nm，8192 个光学像素 PDA/CCD。

3）显示。LCD 显示器：128×64 像素。

4）功能键。菜单驱动软件，可打印、储存、删除、切换测量模式等，远离主机时可独立操作，可更换的氩气/空气舱。

5）探头电缆。标准长度为 3m，可选 10m。

6）尺寸和质量。主机：210mm×560mm×310mm，16kg；探头：280mm×310mm×85mm，2.5kg。

7）可选附件。内部打印机、小车、电池和转换器、各种非规则表面适配器等。

主要特点：

1）930升级版。

2）体积小、质量轻（仅16kg）。

3）采用先进的PDA全谱分析技术，分析精度高、稳定性好。

4）用于现场、实验室各种金属材料的定量分析、牌号鉴别、混料识别及材料的合格/不合格判别等。

5）探头与主机之间不使用易损坏的光导纤维传输光学信号，没有信号损失，保证分析精度。

6）可测量各种尺寸和形状的材料或零部件。

7）用同一套光学系统可精确定量分析各种材料中的常见金属元素和C（碳）、P（磷）、S（硫）等非金属元素。

8）多基体分析：Fe基、Al基、Cu基、Ni基、Ti基、Zn基、Co基、Mg基等。

9）空气/氩气两用型。

10）可交/直流供电，方便现场应用。

11）Windows XP操作界面，计算机化程序更高。

仪器介绍：

1）氩气—空气两用型（超小型便携式）：快速无损，不需切割试样，全谱测量，精确定量精度高，重复性好，可测C、S、P元素，可测多种基体，菜单驱动，操作简便，适合金属领域各种需要的定量分析。

2）ARC-MET8000移动实验室：ARC-MET8000可交/直流（电池）两用，方便在恶劣条件下使用。探头与主机之间由一根电缆连接（标准长度为3m，10m可选）。探头有显示屏及操作键，在复杂的现场工地、废料堆、仓库、车间可方便地利用探头实现操作，而无须携带主机到被测试件。

主机包括键盘、显示屏、电源、数据处理模块和内部打印机（选件）。完整的光学系统放置在坚固的探头内，避免了通过光纤把光学信号传送到主机光学系统中造成的光学信号的损失，充分保证了测量结果的准确性。探头上有显示屏和操作键，用户可进行系统操作，并可从探头上快速观看测量结果。因而，它能在各种环境条件下保证测量结果的稳定性及精度。另外，仅用同一套硬件系统便可同时测量合金元素及C、S、P、B等元素。

ARC-MET显示屏可调节对比度，因而能够在室内外的任何光线下观看结果。燃烧舱的设计适合对不同表面及形状的试样进行测试。

探头和主机可同时显示测量结果。测量结果可自动储存在数据库中，也可储存在软盘上或USB闪存卡中，或通过局域网传到另一台计算机内。测量结

图 2-23　PMI-MASTER 便携式
直读光谱仪外形（德国）

果既可通过内部打印机，也可通过外部打印机打印。

（4）PMI-MASTER 便携式直读光谱仪外形（德国）如图 2-23 所示。

技术参数：

1）可测定碳元素。PMI-MASTER 便携式光谱仪不附加任何外部设施，即可准确测定钢中的 C 元素含量，范围为 0.04%～2.4%，结果准确、重现性好。

2）自动光路校准。每次激发时，光学系统自动进行谱线扫描，确保接收的正确性，免除烦琐的波峰扫描工作。

3）激发枪特点。激发枪质量轻、操作简便。采用喷射电极和高能脉冲电弧，适用于分析各种形状的样品，不需更换夹具。

4）可变观看角度的触摸屏。采用触摸屏操作，弹出窗口方式显示；可根据工作位置的不同，显示窗口可实现 180°的调转；分析结果储存采用 EXCEL 格式，方便用户报表输出，适用于不同工作场所操作。

5）光路系统特点。光学系统采用 350mm 焦距，光栅刻线 3000 条/mm，使一级光谱线色散达到 0.9nm/mm，与实验室用光谱仪相当；消除谱线重叠及背景的干扰非常有效；分析结果准确、可靠。

6）CCD 检测器。先进的 CCD 全谱检测器具有高达 42000 条的像素，实现分析波段内的全谱接收。高速数字读出 DSP（Digital Signal Processing），防止信号溢出，降低了仪器噪声。分析动态范围宽，分析结果准确性好。

7）实现多基体分析。不添加硬件设施即可实现多基体分析，便于随生产的发展增加分析元素及种类。工作曲线采用国际标样，预做曲线，可根据需要延伸及扩展范围，每条曲线由多达几十块的标样校正，自动扣除干扰。

8）交/直流电源供电。可采用电池供电方式，便于没有电源供应的场所使用。

9）仪器尺寸。512mm×470mm×196mm（长×宽×高），重 32kg。

主要特点：

1）便于携带，适合现场快速分析。

2）充电电池工作，适用于现场复杂恶劣环境；

3）分析速度快，只需几秒钟；

4）随时增加分析材料种类及分析元素；

5）指纹谱图技术，自动最佳谱线识别；

6）工业级计算机，智能化分析模式，强大的快速分析能力。

（5）SPL630 科学级快速光谱分析系统外形（国产）如图 2-24 所示。

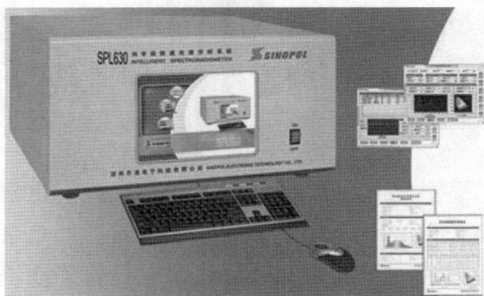

图 2-24 SPL630 科学级快速光谱分析系统外形（国产）

技术指标：

1）波长范围：380～780nm。

2）波长准确度：0.2nm。

3）波长重复性：0.1nm。

4）扫描间隔：1～5nm。

5）测试时间：<100ms。

6）光度线性：0.3%。

7）内置直流源精度：±0.5%FS。

主要特点：

1）真正的科学级精度，准确至 0.2nm。

2）毫秒级测试速度。

3）内嵌 Windows XP，直接测试、显示并生成报告。

4）内置高精度直流源，可直接给 LED 或其他直流光源供电。

5）配相应装置，可测量光源的色温、主波长、显色指数（$R0～R15$）、光通量、色品坐标、直流电参数、LED 的正反向电压电流、法向光强、发光角度。

6）适用于光源生产厂家、实验室、研发部、质检部。

第四节 光谱分析方法

根据分析的目的、要求与精度，光谱分析方法可分为定性分析、半定量分析、定量分析。根据仪器设备和检测手段，发射光谱分析方法可分为看谱分析法（看谱镜）、摄谱法、光电直读分析法。

本节主要讨论利用看谱分析法对金属材料进行定性与半定量分析。看谱分析是利用看谱仪器对物质发射的光谱进行观察、分析判断，以确定钢铁成分的一种分析方法。看谱分析一般在金属材料光谱分析中用作定性、半定量分析及验证钢号。

一、定性分析

各种元素的原子结构不同，在光源的激发作用下都可以产生其特征光谱。其波长取决于每种元素的原子性质，如果某个样品经过激发、分光，在聚焦平面上有几种元素的特征谱线出现，就证明该样品中含有这几种元素，这样来判定元素存在的方法叫做光谱定性分析。

1. 灵敏线、最后线和特征线组

定性分析主要是依据元素的原子特征光谱（每种元素均有特定的原子光谱），根据原子光谱中的元素特征谱线就可以确定试样中是否存在被检元素。通常将元素特征光谱中强度较大的谱线称为元素的灵敏线。只要在试样光谱中检出了某元素的灵敏线，就可以确证试样中存在该元素。反之，若在试样中未检出某元素的灵敏线，就说明试样中不存在被检元素，或者该元素的含量在检测灵敏度以下。

灵敏线：在原子光谱中激发电位低或易于激发的谱线（跃迁几率大的谱线）称为灵敏线。若有 2 条以上灵敏线存在（只要试样光谱中检出了某元素 2～3 条灵敏线，就可以确证试样中存在该元素），便可认为样品存在该元素。灵敏线多为一些共振线。

共振线：电子在基态和激发态之间跃迁产生的谱线称为共振线。

共振发射线：由激发态到基态跃迁产生的谱线叫做共振发射线。较低能级的激发态（第一激发态）直接跃迁至基态时所辐射的谱线称为第一共振发射线，一般也是元素的最灵敏线。

共振吸收线：由基态到激发态跃迁产生的谱线叫做共振吸收线。

第一共振线：在基态和第一激发态间跃迁产生的谱线叫做第一共振线，一般也是最灵敏线，分为第一共振发射线和第一共振吸收线。

最后线：当含量减少时，谱线数目也减少，剩下最后的几条谱线叫做最后线。元素谱线的强度随试样中该元素含量的减少而降低，并且在元素含量降低时，其中有一部分灵敏度较低，强度较弱的谱线将渐次消失，而这些灵敏线则在最后消失，因此又可称为最后线。在光谱定性分析中还有一个"最后线"的概念，它是指样品中被检测元素浓度逐渐减小而最后消失的谱线，一般说来，最后线就是最灵敏的谱线。

元素的光谱是由一些线系组成的，原子结构简单的元素所产生的光谱也简单，有的元素原子结构比较复杂，所发射的光谱包含的谱线数量多达几千条。一般金属材料试样是由许多元素组成的，它的光谱由互相交错的为数甚多的谱线组成。但是，为了鉴定试样中元素存在与否及其大致含量，没有必要逐一检查元素的各条谱线，只需检查几条便于观测的谱线即可，这些用作鉴定元素的谱线通常为最后线及其特征线组，并称作分析线。

最后线通常具有较低的激发电位，因而它常常是共振线；最后线可以是原子线，也可以是离子线。特征线组往往是一些元素的双重线、三重线或者几组双重线，很容易辨认。

2. 定性分析前的准备

看谱分析是利用看谱镜直接观察可见光谱进行金属和合金成分快速分析的一种方法。它具有简便、快速、灵活的特点。

分析时应该注意如下事项：

（1）一般情况下，是把被测样品作为一个电极。在分析前要认真清理样品，去掉样品表面的沾污和氧化层，以防造成分析上的错误。

（2）样品不能太小。一般情况下，棒料或块料尺寸不得小于 10mm×10mm×20mm；板料的厚度不得小于 3mm，体积不得小于 20mm×20mm×3mm。

（3）另一个电极为辅助电极，多采用纯金属或纯碳电极，根据分析元素而定。例如，分析合金钢中 Ni、Cr、Mo、W、V、Mn、Ti 等元素时，采用纯铜辅助电极；分析 Cu 时，采用纯铁或纯碳棒为辅助电极。分析合金钢时，采用铜电极作辅助电极，因为铜的导热性能好，当电弧燃烧时，铜电极比铁电极燃烧的程度低、氧化层的生成较慢、连续光谱辐射较弱和光谱的清晰度比铁电极高。但在分析非铁基合金时，最好采用铁电极。如对铜、铝及其合金的分析，因为在这些合金本身的光谱中往往找不到合适的比较线。辅助电极的形状一般为棒状或圆盘形，后者使用较多，也比较方便。激发一次以后，要用砂轮或锉刀认真地清理辅助电极，清理后的电极和清理前的电极形状要保持一致。

3. 谱线识别

识谱就是观察样品光谱，辨认谱线的波长，从而判断样品究竟由哪些元素所组成，通常是利用元素的最后线作判断，但当样品中元素含量较高时，也可以利用这些元素的特征线组作判断。

光谱定性分析时，经常用到元素标准光谱图或钢铁标准谱线。元素标准光谱图是由波长标尺、铁光谱和元素谱线及其名称组成，元素符号上面的数字表示该元素谱线的具体波长；右下角标的罗马数字Ⅰ、Ⅱ或Ⅲ…，分别表示该谱线为原子线、一级离子线或二级离子线……。

识谱时一般利用铁谱线作为比较线，铁谱线具有以下特点：①铁的光谱线较多，谱线之间的距离较近；②谱线波长准确；③在可见光范围内约有几千条谱线，而且在各个波段中均有容易记忆的特征光谱。所以，将铁光谱作为波长比较的标尺是很适宜的。

熟悉铁谱线是看谱定性和半定量分析十分重要的一环，分析钢铁、有色金属及合金时都要依靠它。由于铁谱线非常丰富，在可见光区域内每一色区都有大量可供选用的铁谱线，因而成为测定其他元素谱线波长的"标尺"。

铁光谱在整个可见光谱区域内有几千条（390.0～700.0nm），通常只要记住其中有特征的谱线组，即所谓的"特征谱线"即可。通过对铁光谱的观察发现，铁谱线具有一定的规律性。光谱的不同区域有不同的颜色，波长按红、橙、黄、绿、青、蓝、紫的顺序分布，各色区光谱线又有不同的结构和亮度。

谱线识别及定性分析时可采用以下几种方法：

（1）色散曲线法。根据仪器的色散曲线，调整看谱镜鼓轮读数到所要识别元素谱线波长的位置，这时目镜中指针所指的谱线就是该元素的谱线。这种方法对初学者很有用，但鼓轮刻度指示的波长有误差，尤其对一些使用时间较长的仪器误差更大，需要自己绘制色散曲线。绘制方法如下：从视场中选择几条从长波到短波的特征较强的铁谱线的波长为纵坐标，用鼓轮的刻度作为横坐标，可绘出该仪器的色散曲线。

（2）铁光谱比较法。在可见光范围内，铁谱线的波长都已精确测定，其他元素的灵敏线都内插于铁谱线之间。根据不同色区铁谱线的一些特征，就可以很容易地找到该元素的谱线，适用于多种元素全分析。实际操作时，若不能确定是否为合金元素谱线，可采用纯铁试样对比的方法。

钢铁材料看谱分析时，铁谱线与各合金元素的灵敏线在同一谱线上，若光谱中发现有些特殊的谱线，而元素光谱图中没有标出这些谱线是何种元素的谱线时，可采用波长测定法。光栅光谱仪的色散率近似于常数，棱镜光谱仪的线色散率随波长略有变化，但在小波长范围内也可认为谱线间的距离与谱线间的波长差是成正比的。假设未知谱线 λ_x 处在铁谱线 λ_1 和 λ_2 之间，则应测出光谱上 λ_1 和 λ_2 的距离 a、λ_2 与 λ_x 之间的距离 b，然后用比例式（2-11）计算出 λ_x 的波长，即

$$\frac{\lambda_2 - \lambda_1}{a} = \frac{\lambda_2 - \lambda_x}{b} \tag{2-11}$$

根据算出的波长可以查对谱线表，确定这条谱线属于什么元素，根据得出的结论，还应检查到光谱中确实还有该元素的一些其他谱线，方能判断样品中确实含有此元素。

（3）标准试样光谱比较法。用纯金属元素的光谱来找谱线，该方法快速可靠，但只限于指定元素分析，标样不易获得，有一定的局限性。

（4）利用双台式看谱镜作定性分析。双台式看谱镜作定性分析尤为方便，方法是把含有被测元素的参比样（用该元素的纯金属样品最好）放在辅助台上，把被测样品放在分析台上，同时起弧激发，在视场里出现两条并列的光谱，一列为比较样的光谱，另一列为分析样的光谱，通过对照检查，可以很清楚地确定分析样中含有哪些元素。这种方法非常直观、可靠。

二、半定量分析

样品中各元素的谱线强度与其在样品中的浓度有关，含量越高，谱线强度就越大。半定量分析主要是根据定量分析原理，对样品中各元素的含量作近似的估量，其测定准确度虽然比定量分析低，但分析的速度快、成本低，可以在较短的时间内得出多种元素的分析结果。

1. 看谱半定量分析原理

看谱分析方法既可以从元素的特征谱线识别该元素的有无，又可以从谱线的强度来确定其含量范围。这是因为，在一定的激发条件下，该元素的谱线强度与其含量有一个函数关系。在一定条件下，基态原子数与试样中该元素的浓度成正比。因此，在一定的实验条件下，谱线强度与被测元素的浓度成正比。一般来说，在元素含量不高时，谱线强度与被测元素浓度基本上呈直线关系，这就是光谱定量、半定量分析的依据。

在看谱分析中，就是根据某元素线的强度来判定元素含量的多少。但是，由于谱线强度受激发条件的影响很大，不能用它的绝对强度来作为判断含量的分析标志。为了提高分析精度，一般采用内标法，即选择一些基体元素谱线作为比较标准。所以，半定量分析方法的实质就是用分析元素谱线和邻近的基体线进行强度的目视比较来确定含量。

2. 看谱半定量分析的具体方法

看谱半定量分析是用分析线和比较线（基体线）进行强度的相对比较来确定，这种根据谱线相对强度估计元素含量的方法是看谱分析的最基本、最普遍的方法。

（1）分析线的选择。分析线选择的具体方法如下：

1）分析线要有足够的浓度灵敏度，在分析含量范围内，选出一些强度不同的分析元素谱线，这些谱线应有高的灵敏度。

2）要选择一组强弱不同的比较线（基体线），其强度有高、中、低变化。

3）分析线和比较线的均称性要好，同是原子线或同是离子线。

4）分析线和比较线在同一色区，相距要近。

5）分析线和比较线无谱线重叠干扰，谱线的形状是否易于观察（这一点在分析复杂合金时尤为重要）。

可见，为了便于目视比较，应选一些离分析元素线较近，同是明亮线或同是扩散线的比较线。这些基体线的强度在分析元素的分析含量范围内，既有和分析线强度相当，又都有较强和较弱的线。当分析元素含量不同时，就会出现与分析元素线强度相等、较强或较弱的情况。因此可利用一套已知含量的标样，选出一根或多根分析线与若干基体线相比较。根据试样元素含量不同时，分析元素线与基体线的强度比定出分析标志，以后分析试样时，就可以按照预先制定好的分析标志，根据试样中出现的谱线的强度情况进行比较分析。

分析线：用于定性或定量分析的最后谱线或灵敏线叫做分析线。

（2）分光标志。在选出若干分析线和基体线之后，就可根据实际情况划分为若干组，然后用已知含量的标样进行目视强度比较，找出最易判断的谱线组，作为分光标志。制定分光标志是看谱半定量分析工作的重要一环，标志制定的可靠性和划分的精度，都关系到以后分析的准确度。

在我国，常见的有前苏联、德国进口的看谱镜附带的分光标志，但这些标志图表太多，使用时不方便，而且标志的含量有的间隔较大，不能满足国内生产要求。所以，国外标志只能作为参考，应该结合实际情况和要求的分析精度，选择不同的标样制定本单位的分光标志，这是提高看谱分析准确度的必要措施。

制定分光标志时，应注意下列几点：

1）干扰谱线。所选择的分析线和基体线，是否受到试样和辅助电极中存在的其他元素线的干扰。通常，除了查阅谱线表外，最可靠的是用不同牌号的试样进行实际观察。

2）第三元素的影响。在看谱分析中，第三元素的效应是值得注意的。如同样含量的锰，在铸铁中的谱线比碳素钢中的谱线强得多，这就是第三元素碳的效应引起的。高合金钢中，由于基体成分的显著改变，谱线干扰也多，对分析线强度影响也大，为此，要通过实践反复验证标志。一般中低合金钢中，只要所选谱线没有严重干扰，第三元素的影响就不太明显。所以，在制定分光标志时，各单位应结合实际，尽可能采用不同牌号的标样，反复验证，以确定标志范围，提高分析精度。

3）分光标志的代号。国内目前不统一，一般认为分光标志的代号不应过于复杂；分光标志代号不一致时，可查阅光谱线波长表。

4）工作条件问题。谱线强度是元素含量的函数，与激发温度有密切的关系，电流强度的大小、极距的大小、试样的厚薄等，都能引起激发温度的改变，从而影响物质进入电弧隙间的浓度，使谱线强度有不同程度的变化。同时，物质进入放电间隙时，由于各元素的蒸发速度不同（这和元素化合物的熔点及各元素对氧的亲和力有关），蒸汽之中各元素浓度需经一段燃弧方可达到平衡，这段时间称为预燃阶段。经过预燃，分析线和基体线的强度比开始稳定，此时进行谱线强度的评定是较可靠的。此外，辅助电极的选择也要根据分析对象加以确定。

5）分光标志的验证。对于选好的分光标志，最好经过两人或两人以上用已知标样反复多次进行复验，以确定能否使用。

（3）半定量分析操作程序及注意事项。光谱分析人员应熟记各谱线组及分光标志，要经常练习、反复看，以增强记忆。同时，对于金属材料牌号也应有所了解，这对判断结果的准确性有很大帮助。试样表面一定要处理干净，应选择没有砂眼、气孔及氧化物的金属表面引燃电弧。为了使眼睛适应视场的照度，分析样品之前，最好先拿标钢对一下，感到视觉正常时，再进行分析。一般按定性、半定量的顺序进行鉴别，以评定出元素含量，要防止漏掉主要元素，造成错判。为防止试样偏析而影响分析结果，最好对试样不同部位多看几点进行分析。当发现试样在合格范围上下限时，应采用摄谱或化学分析加以验证，以确保分析质量。用看谱镜作定量分析，是在不增添任何设备、附件的条件下，在半定量分析的基础上，进一步细划标志，并用已知标样校对眼睛的分辨力，以提高分析精度的，或者是使用双试台看谱镜，用标样与试样同时对比的方法，以提高其分析精度。

三、定量分析

光谱定量分析，即根据样品中被测元素（分析物）的谱线强度准确确定该元素的含量（或浓度），其核心问题是用实验方法建立谱线强度与分析物浓度的单值关系，即所谓的分析校准问题。

1. 定量分析的依据

定量分析的依据：分析元素谱线强度与该元素含量之间存在的比例关系。

因此，进行光谱定量分析时，是根据被测试样光谱中欲测元素的谱线强度来确定元素浓度的。

在光谱定量分析实践中，通常采用经验关系式

$$I = aC^b \tag{2-12}$$

式中　a——常数，与试样的蒸发、激发过程和试样组成等有关；

　　　　b——自吸系数，其数值与谱线的自吸收有关。只有控制在一定的条件下，在一定的待测元素含量的范围内，a 和 b 才是常数。

式（2-12）是由赛伯（G. Schiebe）和罗马金（B. A. Lomakin）先后独立提出的，又称为赛伯—罗马金公式。它是光谱定量分析依据的基本公式。

式（2-12）的对数形式为

$$\lg I = b\lg C + \lg a \tag{2-13}$$

式（2-13）表明，以 $\lg I$ 对 $\lg C$ 作图所得的曲线在一定浓度范围内为一直线。

高浓度时，b 不再是常数，由于 b 和 a 随被测元素和实验条件（蒸发条件、激发条件、取样量、感光板特性、显影条件等）的改变而变化，这种变化往往很难完全避免，因此，根据谱线强度的绝对值来进行定量分析是不能得到准确结果的，在实际光谱分析中，常采用内标法（采用测量谱线相对强度的方法）。

2. 内标法光谱定量分析的原理

在一般的光源条件下，激发条件波动较大时，谱线强度随着激发条件的变化而强烈地变化，因此，用光谱方法作定量分析是有困难的。内标法是利用分析线和比较线强度比对元素含量的关系来进行光谱定量分析的方法。所选用的比较线称为内标线，提供内标线的元素称为内标元素。内标法是盖纳赫（W. Gerlach）于 1925 年提出的。

采用内标法在很大程度上可以消除由于光源波动而带来的影响，因而能提高光谱定量分析的准确度。用内标法时，在分析试样和标准试样中选一个固定含量的基体元素或外加一定量的某元素作为内标元素。

设被测元素和内标元素含量分别为 C 和 C_0，分析线和内标线强度分别为 I 和 I_0，b 和 b_0 分别为分析线和内标线的自吸收系数，根据式（2-12），对分析线和内标线分别有

$$I = A_1 C^b \tag{2-14}$$

$$I_0 = A_0 C_0^{b_0} \tag{2-15}$$

$$R = \frac{I}{I_0} = \frac{A_1}{A_0 C_0^{b_0}} C^b = AC^b \tag{2-16}$$

其中 $\qquad\qquad\qquad A = A_1/A_0 C_0^{b_0}$

在内标元素含量 C_0 和实验条件一定时，A 为常数，则

$$\lg R = b\lg C + \lg A \tag{2-17}$$

其中 $R = \dfrac{I}{I_0} = AC^b$ 是内标法光谱定量分析的基本关系式。

3. 自吸与自蚀

弧焰中边缘部分的蒸汽原子一般处于比弧焰中心原子更低的能级，因而当辐射通过这段路段时，将为其自身的原子所吸收，而使谱线中心强度减弱，这种现象称为自吸收。一般自吸收用 r 表示。

自吸的作用：自吸会导致谱线强度减小。自吸的规律：含量越高，自吸程度越大。

在光谱分析中，应注意自吸现象对谱线的影响，在光源中谱线的辐射，可以想象它是从光源发光区域的中心轴辐射出来的，它将通过周围空间的一段路程，然后向四周空间发射。

谱线的固有强度越大，自吸系数越大，自吸现象越严重。共振线是原子由激发态跃迁至基态产生的，强度较大，最易被吸收。其次，弧层越厚，弧层被测元素浓度越大，自吸也越严重。直流电弧弧层较厚，自吸现象最严重。

进行定量分析时应注意：①保证含量要低；②无自吸的谱线可作分析线。

当元素浓度较高时，谱线产生自吸，谱线轮廓的中心没有明显的峰值。当元素浓度更高时，谱线产生严重的自吸，称为自蚀。谱线自蚀时，谱线轮廓的中心产生一明显的极小值。当元素浓度很高时，谱线产生严重的自蚀，谱线轮廓中心的极小值可以接近背景值，于是一根谱线在外观上像两根单独的谱线。自蚀对谱线轮廓的影响见图 2-25。

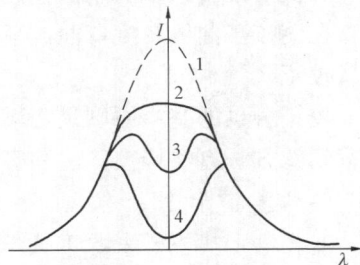

图 2-25 自蚀对谱线轮廓的影响
1—无自吸；2—有自吸；
3—自蚀；4—严重自蚀

4. 摄谱定量分析方法

（1）校正曲线法。在选定的分析条件下，用三个或三个以上含有不同浓度的被测元素的标样激发光源，以分析线强度 I（或者分析线对强度比 R、$\lg R$）对浓度 C 或 $\lg C$ 建立校正曲线。在同样的分析条件下，测量未知试样光谱的 I（或 R、$\lg R$），由校正曲线求得未知试

样中被测元素的含量 C。

如用照相法记录光谱，分析线与内标线的黑度都落在感光板乳剂特性曲线的正常曝光部分，这时可直接用分析线对黑度差 Δs 与 $\lg C$ 建立校正曲线，进行定量分析。

校正曲线法是光谱定量分析的基本方法，特别适用于成批样品的分析。

（2）标准加入法。在标准样品与未知样品基体匹配有困难时，采用标准加入法进行定量分析，可以得到比校正曲线法更好的分析结果。

在几份未知试样中，分别加入不同已知量的被测元素，在同一条件下激发光谱，测量不同加入量时的分析线对强度比。在被测元素浓度低时，可以认为谱线无自吸，谱线强度比 R 直接正比于浓度 C，将校正曲线 R-C 延长交于横坐标，交点至坐标原点的距离所相应的含量即为未知试样中被测元素的含量。

标准加入法可用来检查基体纯度、估计系统误差、提高测定灵敏度等。

5. 光谱干扰

在发射光谱中最重要的光谱干扰是背景干扰。带状光谱、连续光谱以及光学系统的杂散光等，都会造成光谱的背景。其中，光源中未离解的分子所产生的带状光谱是传统光源背景的主要来源，光源温度越低，未离解的分子就越多，因而背景就越强。在电弧光源中，最严重的背景干扰是空气中的 N_2 与碳电极挥发出来的 C 所产生的稳定化合物 CN 分子的三条带状光谱，其波长范围分别为 $353 \sim 359 \mathrm{nm}$、$377 \sim 388 \mathrm{nm}$ 和 $405 \sim 422 \mathrm{nm}$，干扰许多元素的灵敏线。此外，仪器光学系统的杂散光到达检测器，也会产生背景干扰。由于背景干扰的存在使校正曲线发生弯曲或平移，因而影响光谱分析的准确度，故必须进行背景校正。

校正背景的基本原则是：谱线的表现强度 I_{l+b} 减去背景强度 I_b。常用的校正背景的方法有离峰校正法和等效浓度法。

6. 非光谱干扰

非光谱干扰主要来源于试样组成对谱线强度的影响，这种影响与试样在光源中的蒸发和激发过程有关。光源中蒸发、原子化和激发过程中各参数（包括蒸发速度常数 a、离解度 b、电离度 x 和电离电位 E 等）对谱线强度的影响。这种试样组成对谱线强度的影响称为基体效应。

试样蒸发过程对谱线强度的影响如下：

试样在光源的作用下蒸发进入等离子体内，蒸发速度取决于物质的性质与蒸发条件。易挥发性的组分先蒸发出来，难挥发性组分后蒸发出来，试样中不同组分的蒸发有先后次序，这种现象称为分馏。以电弧光源为例，激发光源的温度与试样基体的组成存在明显的依赖关系，如果试样基体中含有大量低沸点的物质，则光源温度就受其控制而使得蒸发温度较低，相反，如果基体中含有大量高沸点物质，蒸发温度就较高。由于分析物在不同基体中的蒸发行为不同，因而影响发射谱线的强度。

需要指出的是，有些元素在电极上发生化学反应，因而影响了其蒸发行为。如 CuO 先还原为 Cu 而后蒸发，Mo、W 氧化物在石墨电极样孔中一部分以氧化物的形式先蒸发出来，一部分转化为碳化物，很难挥发。第三组分的存在，既影响弧温，又有可能与被测元素发生高温化学反应，从而影响物质的蒸发。此外，电极形状也影响蒸发。

7. 摄谱半定量分析

摄谱法是光谱半定量分析的重要手段，它可以迅速地给出试样中待测元素的大致含量。摄谱半定量分析的方法较多，现将几种常用的方法简单介绍如下。

（1）谱线黑度比较法。将试样与已知不同含量的标准样品在一定条件下摄谱于同一光谱感光板上，然后在映谱仪上用目视法直接比较被测试样与标准样品光谱中分析线的黑度，若黑度相等，则表明被测试样中欲测元素的含量近似等于该标准样品中欲测元素的含量。该法的准确度取决于被测试样与标准样品组成的相似程度及标准样品中欲测元素含量间隔的大小。

（2）显线法。元素含量低时，仅出现少数灵敏线。随着元素含量的增加，一些次灵敏线与较弱的谱线相继出现，于是可以编成一张谱线出现与含量的关系表，以后就根据某一谱线是否出现来估计试样中该元素的大致含量。该法的优点是简便快速，其准确程度受试样组成与分析条件的影响较大。

（3）均称线对法。该法选用一条或数条分析线与一些比较线（分析线与比较线称分析线对）组成若干个均称线组，它们的激发电位相近，将分析样品按照确定的分析条件摄谱后，观察所得光谱中分析线与比较线的黑度（或强度），找出黑度（或强度）相等的均称线对，即能确定试样中元素的大致含量。

第三章

金属材料基本知识

光谱分析除掌握光谱分析的基本知识外，还应该对分析对象有所了解，这包括金属材料基本知识和热力设备常用耐热钢种类等，下面进行简要介绍。

现代工业和科学技术的不断发展，对钢材的机械性能和其他性能的要求越来越高。为了改善钢的某些性能，有目的地加入一定量的元素，这些元素称为合金元素。常加的合金元素有硅（Si）、铬（Cr）、锰（Mn）、镍（Ni）、钨（W）、钼（Mo）、钒（V）、钛（Ti）、铝（Al）、硼（B）和稀土元素（Xt）。含有合金元素的钢称为合金钢。

第一节　合金元素在钢中的作用

合金元素加入后，可以提高钢的机械性能，改善钢的工艺性能。有些合金元素的含量达到一定时，还可以使钢具有某些特殊的机械性能或某些特殊的物理化学性能。合金元素能改善钢的性能，这是通过它们对钢中组织的影响来实现的。对组织的影响，实际上就是对各组织组成物的成分、结构、分布形态、性能以及各组织之间的相互转变的影响。下面就这些方面的影响逐一进行介绍。

一、合金元素对钢中基本相的影响

合金元素在钢中的存在形式主要有：①合金元素溶入铁素体；②形成碳化物。因此，合金元素对钢基本相的影响如下。

1. 强化铁素体

大多数合金元素都能溶入铁素体形成合金铁素体。由于合金元素的原子半径与铁的原子半径不同，合金元素的加入必然加大铁素体的晶格畸变，使铁素体的强度和硬度提高，塑性和韧性有所下降。若原子半径差异越大，则产生的强化作用越大；若元素的含量越多，则产生的强化作用也越大。

合金元素对铁素体机械性能的影响如图 3-1 所示。

Si 能显著提高铁素体的强度和硬度，但当 Si 含量超过 0.6% 时，会降低

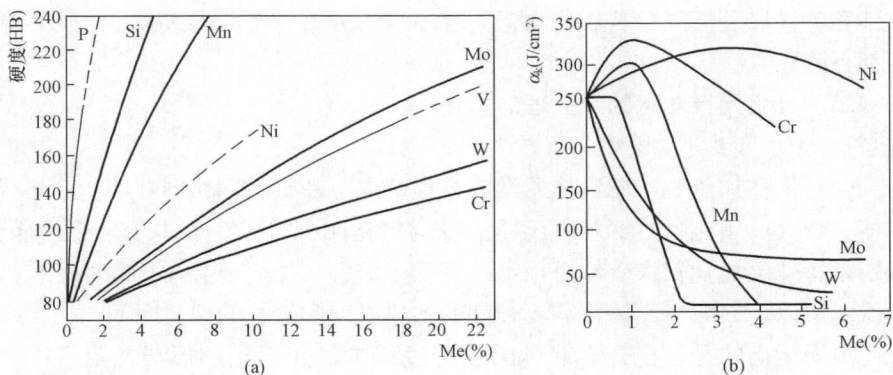

图 3-1 合金元素对铁素体机械性能的影响

（a）合金元素对铁素体硬度的影响；（b）合金元素对铁素体冲击韧性的影响

铁素体的韧性；Mn 不仅能显著提高铁素体的强度和硬度，当其含量低于 1.5％时还能提高铁素体的韧性；Cr 和 Ni 对铁素体的强化作用虽远不及前两者，但在更大范围内（Cr＜3.5％、Ni＜6％）既能提高强度，又能提高韧性。工业上常用 Mn 来强化铁素体，其次是 Cr、Ni。

由图 3-1 可以看出，合金元素加入量越多，铁素体的硬度值就越高，以 Si、Mn、Ni 元素为最显著。

2. 形成合金碳化物

合金元素按其与碳相互作用的不同，在钢中存在的形式可分为两大类：与碳亲和力比较弱的元素，在钢中不能形成碳化物，基本上都溶入铁素体，属于这一类的有 Ni、Co、Si、Al、Cu 等；与碳亲和力较强的元素，在钢中能形成合金碳化物。与碳的亲和力越强，形成的碳化物则越稳定。在钢中能形成碳化物的元素（按其与碳的亲和力由弱到强的顺序排列）有 Fe、Mn、Cr、Mo、W、V、Nb、Ti。根据合金元素与碳的亲和力的强弱及在钢中含量的多少，合金碳化物可分为合金渗碳体和特殊碳化物。

弱碳化物形成的元素（Mn）或当中强碳化物形成元素（Cr、W、Mo 等）在钢中的含量不多时，一般倾向于溶入渗碳体形成合金渗碳体，如（FeMn）$_3$C、（FeCr）$_3$C 等。强碳化物元素（V、Nb、Ti）或当中强碳化物形成元素在钢中的含量足够高时，将形成与渗碳体晶格完全不同的特殊碳化物，如 Cr$_{23}$C$_6$、WC、VC。这些碳化物具有较渗碳体高得多的熔点和硬度。

碳化物的数量、大小和分布形态直接影响钢的性能。随着碳化物数量的增加，钢的硬度和耐磨性增加。若碳化物弥散分布，将使钢的强度增加且不导致韧性和塑性显著下降；若碳化物粗大且不均匀分布，将会导致强度、韧性和塑性都下降。

二、合金元素对钢的热处理的影响

1. 合金元素对奥氏体化的影响

合金钢在加热时，奥氏体的形成过程基本上和碳素钢相同，即包括奥氏体形核、长大、碳化物溶解及奥氏体成分均匀化四个阶段。但由于合金渗碳体，特别是特殊碳化物较渗碳体更稳定，更难于溶解，加之合金元素的原子扩散速度低，所以，一般奥氏体化需要较高的加热温度和较长的保温时间。

值得指出的是，在合金钢奥氏体化过程中，强碳化物形成元素 Ti、Nb、V、W、Mo 等形成的碳化物以及 Al 形成的 AlN、Al_2O_3 等化合物以细小质点分布在奥氏体晶界附近，能强烈地阻碍奥氏体晶粒的长大。因此，上述合金元素在奥氏体化过程中能使晶粒细化。

2. 合金元素对过冷奥氏体分解的影响

大多数合金元素（除 Al＞2.5％及 Co 外）溶入奥氏体后，都能增加过冷奥氏体的稳定性，使 C 曲线右移，降低钢的临界冷却速度，提高钢的淬透性。

使 C 曲线右移最强烈的合金元素是 Cr、Ni、Mo、Mn。如果钢中同时具有两种以上这样的元素，C 曲线右移更明显，这些合金钢也因此具有极其优良的淬透性。工业上常用来提高淬透性的元素主要是 Cr、Ni、Mn、Si、B。其中 B 很特殊，在低碳钢和中碳钢中，加入极微量（0.0007％）便可显著提高淬透性，但当其含量增加到 0.001％时，淬透性不再继续提高。因此，合金钢中 B 的含量限制为 0.001％～0.004％。其他元素则是随着含量的增多，钢的淬透性逐渐提高。

值得强调的是，形成碳化物的元素只有当碳化物完全溶解在奥氏体中，才能增加其稳定性。否则，未溶解的碳化物在冷却过程中可能成为过冷奥氏体分解产物的核心，反而加速奥氏体的分解，降低其稳定性。

合金钢的淬透性好，可选择冷却能力较弱的冷却剂（油、熔盐）淬火，以减少零件的淬火变形和开裂倾向。同时，它还能使尺寸较大的零件在淬火时获得更多的马氏体，再回火后能在整个截面上获得均匀一致的组织和保障良好的整体综合性能。

不过，大多数合金元素使 M_s 与 M_f 温度点下降。M_s 点越低，淬火后钢中的残余奥氏体量就越多，不仅使钢淬火后的硬度和耐磨性降低，还使尺寸稳定性下降。因此，对于尺寸稳定性要求高的零件，还应进行冷处理和长时间的回火处理。

3. 合金元素对淬火钢回火转变的影响

淬火钢的回火转变包括马氏体的分解，残余奥氏体的转变，碳化物的形成、转变与聚集长大以及铁素体的再结晶等过程。这些过程都是依靠原子的扩散来完成的。而合金元素的原子溶入马氏体后，使铁和碳的原子扩散减慢，因而上述过程均来得缓慢。所以，合金钢同碳钢相比，经淬火和相同温度回火后，其强度与硬度下降较少，即具有较高的回火稳定性。

当钢中含有较多的强碳化物形成元素 V、Mo、W 等时，在较高温度回火后（500~600℃），能在马氏体基体上形成分散度很大的特殊碳化物，使合金钢的硬度再度升高，这种现象称为二次硬化。二次硬化对需要较高红硬性（高温下保持高硬度的能力）的工具钢，具有重要的意义。

合金钢在 250~400℃ 范围内回火时，同碳素钢一样，具有第一类回火脆性。某些合金钢，如锰钢、铬钢、铬镍钢在 450~650℃ 范围内回火时，还会出现一次回火脆性，这种现象被称为第二类回火脆性。但它只有在上述温度范围内回火后缓冷时才产生，其原因主要是缓冷时固溶体内析出了磷化物、氮化物或其他化合物于晶界处形成脆性网状物所致。因此，在出现第二类回火脆性后，可重新回火并快速冷却就能消除。若在这类钢中加入 Mo、W，亦可防止第二类回火脆性。

第二节　合金钢的分类与编号

一、合金钢的分类

合金钢的种类繁多，为了管理和使用方便，常用的分类方法有以下几种。

1. 按用途分类

（1）合金结构钢。

（2）合金工具钢。

（3）特殊性能用钢。

2. 按合金元素含量分类

（1）低合金钢：含合金元素总量小于 5%。

（2）中合金钢：合金元素总量为 5%~10%。

（3）高合金钢：合金元素总量大于 10%。

3. 按正火后获得的组织分类

珠光体钢、马氏体钢、奥氏体钢、铁素体钢和贝氏体钢。

二、合金钢的编号

根据国家标准规定，我国的合金钢按成分和用途，以数字和化学符号及汉语拼音字母相结合的方法来编号，即"数字＋符号＋数字"的形式。前面的"数字"表示钢的含碳量；"符号"是指所加入合金元素的化学符号，也可直接用元素的汉字代替；其后的"数字"则表示加入元素的含量。当元素的平均含量小于 1.5％时，一般不标；当平均含量在 1.5％～2.49％时，标"2"；在 2.5％～3.49％时，标"3"，以此类推。现将具体编号方法简单介绍如下。

1. 合金结构钢

这类钢的编号原则是两位数字＋元素符号＋数字，前面两位数字为钢中平均碳含量的万分数，元素符号表示所加元素，其后的数字表示该元素在钢中的平均含量。当该元素的平均含量小于 1.5％时，元素符号后不标注数字；当该元素的平均含量分别为 1.5％～2.49％，2.5％～3.49％，…时，元素符号后分别标 2，3，…，例如合金钢 12CrNi3 表示该钢的平均含碳量为 0.12％，加有小于 1.5％的 Cr 和 2.5％～3.49％的 Ni。

在高压锅炉用钢中，常用到 12CrMoV 钢和 12Cr1MoV 钢，这两种钢所加元素相同，且各元素的含量均小于 1.5％。若用上述原则均应写成 12CrMoV，但实质上前者含 Cr 量为 0.3％～0.6％，后者含 Cr 量为 0.9％～1.2％，并由此导致高温下的机械性能差异很大。为区别计，后者在编号时在 Cr 字母后标"1"。属于这类编号的钢有 ZG15Cr1Mo1V、20Cr1Mo1VNbB 等。

合金结构钢中滚动轴承钢的编号特殊，用"滚"字的汉语拼音首字母"G"开头，后标"Cr"及其含量的千分数，如 GCr15 为 Cr 含量为 1.5％的滚动轴承钢。

2. 合金工具钢和特殊钢

这两类钢的编号原则基本相同，采用一位数字＋元素符号＋数字。前面一位数字表示钢中含碳量的千分数，工具钢中含碳量大于 1％时，前面一位数字略去不标；特殊钢的含碳量小于 0.1％时，前面一位数字标"0"。合金元素及其含量的表示方法与合金结构钢相同，如 9CrSi 表示该钢的平均含碳量为 0.9％，Cr 与 Si 的含量均小于 1.5％。CrWMn 钢表示该钢的含碳量大于 1.0％，Cr、W 与 Mn 的含量均小于 1.5％。1Cr13 表示该钢含碳量为 0.1％，Cr 含量为 12.5％～13.49％。0Cr13 表示该钢含碳量小于 0.1％，Cr 含量为 12.5％～13.49％。

为了区别钢的质量，高级优质钢在钢号的末尾加上"A"，如 50CrVA 属于高级优质合金钢。

合金工具钢中，高速钢的编号也略有不同。一般不用数字而以元素符号起头，如 W18Cr4V（钨 18 铬 4 钒），含碳量为 0.7％～0.8％，但不标出而仅强调合金元素及其名义含量的百分量。

第三节 耐热钢的强化原理与分类

能够在高温下长期工作而不致因介质侵蚀造成破损的钢称为热稳定钢。在高温下仍具有足够的强度，能长期工作而不发生过量变形或破断的钢称为热强钢。热稳定钢与热强钢统称为耐热钢。电站热力设备的许多零部件用材都选用耐热钢。

耐热钢与碳钢相比，具有高的抗氧化性与耐蚀性、高的组织稳定性、高的蠕变极限、高的持久强度和高的抗松弛性能。

一、耐热钢的强化原理

综上所述，要获得上述优良性能，主要靠在钢中加入某些合金元素。这些合金元素的加入，能强化固溶体、强化晶界、形成稳定而细小弥散的第二相。

1. 基体的固溶强化

金属材料的组织一般都是以固溶体为基体，耐热钢也不例外。它们有的以铁素体为基体，有的以奥氏体为基体。提高固溶体的强度、增加固溶体的组织稳定性对钢的热强性有显著影响，因此，固溶强化是耐热钢强化的重要措施。

在固溶强化时，合金元素的加入不仅是单个合金元素本身的作用，还有它们彼此间的相互作用。二者均能促进固溶强化。

合金元素的原子半径与铁的原子半径大小不同。当合金元素溶入固溶体后，将引起晶格畸变，从而使之强化，强化效应取决于合金元素的原子半径与铁原子半径之差。溶质与溶剂原子半径相差越大，畸变程度越大。大多数金元素的原子半径比铁的原子半径大，溶入 α 固溶体后使晶格常数增加。合金元素使铁晶格常数增加的次序为：钴(Co)、铬(Cr)、镍(Ni)、锰(Mn)、钼(Mo)、钒(V)、钨(W)、铝(Al)、钛(Ti)、铌(Nb)。

合金元素的加入，能引起固溶体内原子间结合力的变化。如果加入的合金元素的原子外层成键电子数比铁原子的外层成键电子数多，如 Cr、W、Mn、Nb 等，就能增加原子间结合力。这样，当工作温度升高时，固溶体不致因原子间结合力减弱而使强度迅速降低。但是，也有的元素，如 Ni、V，其效应则相反。

合金元素的加入，若它们是中强或强碳化物形成元素，则能抑制铁原子与其他元素原子的扩散能力，如 Cr、Mo、W、Nb 等。这样，便能阻止或延缓合金元素在固溶体内的贫化。

合金元素的加入，有的还能提高固溶体的再结晶温度，其结果也是强化固溶体，因为它们提高了固溶体的蠕变极限与持久强度。

实践表明，奥氏体钢比铁素体钢具有更高的耐热性，这是因为奥氏体的致密度大于铁素体的致密度。例如，当蒸汽温度为 570℃ 时，锅炉内部分钢管的壁温达到 620℃ 以上，这时便只有奥氏体钢才能胜任。而要获得奥氏体钢，还必须在钢中加入形成单相奥氏体的元素，如 Ni、Mn。

2. 晶界强化

在高温下晶界是一个薄弱区域，它的强度下降很快，这是因为晶界处原子排列不规则，存在着大量的空位，原子在这里扩散较晶粒内部容易。另外，钢中低熔点杂质在结晶时，往往最后结晶于晶界处，而且通常与铁形成低熔点的共晶组织。例如，FeS 与 Fe 的共晶体的熔点仅为 989℃，这种组织的存在，将使钢的持久强度迅速下降。

如果在钢中加入硼，由于硼原子半径介于碳原子和铁原子半径之间，它能填进原来存在的空位之中，使晶界处有利于扩散的空位数量大大减少。如果在钢中加入稀土元素或碱土元素，特别是同硼复合加入时，在熔炼过程中它们与钢中低熔点杂质能形成稳定的化合物，从而避免了低熔点共晶物的生成。

这两种方法，都能使晶界在高温下趋于稳定，有效地降低了原子在这里的扩散速度，从而提高了晶界的强度。

3. 沉淀强化

从过饱和固溶体沉淀出第二相（或更多的相）以细小、均匀、弥散地分布时，能提高钢的热强性，这一途径叫做沉淀强化。

当第二相弥散分布于固溶体基体上时，虽然温度升高、原子扩散加剧，但第二相仍能有效地阻碍位错的移动。即使当温度高达（0.65～0.7）T_m 时，其阻碍作用还可维持。这实际上就有效地提高了蠕变极限与持久强度，也是沉淀强化能提高钢的耐热性的原因。

沉淀强化与沉淀的结构、大小、形状、分布情况有很大关系。

在耐热钢中，除 Fe_3C 外，加入不同的合金元素，还能形成一系列合金碳化物相，如 V_4C_3、NbC、TiC、Cr_7C_3、$Cr_{23}C_6$、MoC 等。它们的结构有立方、六方等晶系。试验表明，在低合金耐热钢中，沉淀强化最有效的相是具有体心立方结构的碳化物，如 V_4C_3、NbC 等。

一般认为，球状 V_4C_3 比片状 V_4C_3 能更有效地起到强化作用，这是因为片状对于其平行的原子面上位错阻力很小，而球状对于任何平面上的位错具有相同阻力。

沉淀相均匀地分布于固溶体的基体上时，强化效果显著；若沉淀相偏聚于晶界处，由于在运行过程中，碳化物还会聚集长大，它反而使钢的热强性降低。

应当指出，合金元素对钢的热强性的影响并不限于上述某一项，而是各项的综合结果；也不限于某一元素，而是所有元素的作用。实践表明，耐热钢中加入"少量多元"的合金元素比加入等量单一元素更能显著地提高热强性。所以，耐热钢正朝着少量多元低合金方向发展。

二、耐热钢中碳与合金元素的作用

常用的耐热钢是低碳，再加入 Cr、Mo、V、W、Si、B、Ti、Nb 及稀土元素等。

1. 碳（C）的作用

碳使钢的硬度升高、强度升高（C<0.9%）、塑性与韧性降低，但这规律只限于常温力学性能。碳对钢的高温力学性能的影响是复杂的。大量资料表明，钢的高温力学性能随含碳量的增加呈降低的趋势。因为含碳量增多，在高温时从固溶体中析出的碳化物必然增多，固溶体中合金元素贫化，从而降低热强性；含碳量增多，钢中渗碳体的量也会增多，在高温下长期运行后渗碳体会发生球化、石墨化以及其他碳化物会发生聚集与长大等组织变化，也将使热强性下降。另外，含碳量的增加，还将使钢的焊接性能变坏，抗氧化及耐蚀性能降低。但是，含碳量也不宜过低，否则钢的强度就会太低。

因此，耐热钢的含碳量一般控制在 0.1%～0.3%。例如，锅炉管子用钢含碳量控制为 0.1%～0.2%，汽轮机连接螺栓用钢含碳量多为 0.2%～0.3%，而汽轮机叶片用钢的含碳量多为 0.1%～0.2%。

2. 铬（Cr）的作用

铬对钢的高温性能影响很大，是耐热钢中不可缺少的元素。

铬能在钢的氧化过程中生成 Cr_2O_3 保护膜，有效地阻止氧化，当固溶体内含 Cr 量大于 12% 时，能提高固溶体的电极电位，甚至还能使钢形成单相—铁素体，有效地阻止电化学腐蚀。因此，铬能使钢具有热稳定性。

铬能显著地提高钢的组织稳定性，如前所述，铬能阻止珠光体球化、石墨化。

铬还能抑制碳原子在高温时的扩散速度，提高钢的再结晶温度，加大铁素体的晶格畸变，从固溶强化方面来提高钢的热强性。

但是，铬能导致钢产生回火脆性，使钢在高温工作时出现热脆性，在其含量较多时，还会使焊接性能变坏。

3. 钼（Mo）的作用

钼对钢的高温性能影响很大，也是耐热钢中不可缺少的元素。

钼能够提高钢在高温、高压下抗蒸汽腐蚀的能力。

钼的原子半径与铁的原子半径相差很大，因此固溶强化效果显著。钼的熔点高达 2622℃，能有效地提高钢的再结晶温度。据资料介绍，在钢中加入 1% 的钼，钢的再结晶温度可提高 115℃，因而蠕变极限可提高 125%。若加入 1.5% 的钼，蠕变极限可提高 150%。钼还能减慢珠光体球化速度，有效地抑制渗碳体的聚集，并促使弥散的特殊碳化物析出。这些均能提高钢的持久强度。

钼能防止回火脆性，能有效地减小钢的脆性。

但是，由于钼不能有效地防止石墨化，因此，目前耐热钢中已很少采用纯钼钢。在耐热钢中，钼含量一般控制在 0.5% 左右，如 12CrMo、15CrMo、12Cr1MoV 钢等，但有的钢中含钼量达 1.2%，如 ZG15Cr1Mo1V 钢。

4. 钨（W）的作用

钨是高熔点金属（3400℃），钢中加入钨后，能增大晶格畸变，增加原子间结合力，提高再结晶温度。因而，钨能有效地提高钢的高温力学性能。研究表明，当钨和钼复合加入时，上述效果更为显著。

钨能防止回火脆性，有效地减少热脆性，因而钨在耐热钢中得到广泛应用。钨含量范围很大，有的钢中只有 0.6%，而有的钢中则达到 3% 以上。

5. 钒（V）的作用

钒与碳能形成强碳化物，钢中加入钒能使钢中的 Cr、Mo、W 等元素充分发挥其作用。另外，VC 与 V_4C_3 在较高温度下也难聚集，它们细小、均匀、弥散地分布在固溶体基体上，能直接为提高钢的高温性能作出贡献。

以少量 V 代 Mo、Cr 可以降低成本并提高钢的热强性，这已成为锅炉用低合金耐热钢的一种倾向。12Cr1MoV 钢就是一种最经济的、性能良好的低合金耐热钢，已被广泛用于高压锅炉过热器管子、主蒸汽管道等部件。

但是，试验表明，当含钒量大于 1% 时，其作用减弱，甚至起副作用。因而，耐热钢中的含钒量通常在 0.1%～0.5%。

6. 钛（Ti）的作用

钛能与碳形成稳定的 TiC。当钢中加入钛后，钛与碳的结合力大于铬与碳的结合力，能使铬单独留在固溶体中，从而提高钢的热稳定性。

钛还能提高钢的再结晶温度、阻止石墨化，因而钛也是提高热强性的重要元素。在铁素体、珠光体型钢中，钛含量在 0.5% 左右；在奥氏体钢中，其含量通常为 0.8%，如 1Cr18Ni9Ti 钢；也有的高达 1.4%，如 1Cr15Ni36W3Ti 钢。

7. 铌（Nb）的作用

铌能与碳生成极其稳定的 NbC，当低合金钢中加入铌的含量为碳含量的 8 倍以上时，几乎可以固定钢中所有的碳，从而使各个合金元素充分发挥自身作用，提高钢的高温性能。

铌的加入，还能提高钢的抗氧化性能与抗氢蚀性能。在耐热钢中，铌含量通常在 0.5% 以下。

8. 硼（B）的作用

硼的原子半径较小，在钢中它先行分布于晶界上，充填了晶界中的空位，使其他元素的原子扩散时困难加大，从而使钢的高温力学性能提高。但值得指出的是，硼的含量超过 0.007% 时，将导致钢在热加工时产生热脆，使热加工困难。因而，耐热钢中硼的含量总是控制在 0.006% 之内，不过，即使是只有这样微量的硼，也能使钢的热强性大大提高。

9. 硅（Si）的作用

硅属常存元素。在耐热钢中，有时也有目的地加入一些硅，这是因为硅能显著提高钢的抗氧化性能，提高钢的室温强度。但是，硅使冲击韧性迅速下降，特别是它还促进石墨化。因此，在耐热钢中，硅含量一般控制在 1% 以下，如 12MoVWBSiRe 钢，但也有的耐热钢含硅量为 2%，如 1Cr18Si2、1Cr6Si2Mo 等。

10. 稀土元素（Xt）的作用

稀土元素加入钢中能改善钢中夹杂物的形状、大小和分布状态。例如，15CrMoV 钢在没有加入稀土元素 Ce 之前，钢中夹杂物呈链状分布，而且主要沿晶界分布。当钢中加入 Ce 后，钢中夹杂物减少到 55%～70%，而且夹杂物以细小的球状无定向地分布在基体上。这种变化使钢的室温性能（特别是 δ 值）和钢的高温性能均有所提高，同时还使脆性转变温度大大降低。

三、耐热钢的分类

耐热钢按小截面试样正火后金相组织的不同，可分为珠光体耐热钢、马氏体耐热钢、铁素体耐热钢和奥氏体耐热钢。

1. 珠光体耐热钢

珠光体耐热钢所加的合金元素主要是 Cr、Mo、V，而且合金元素的总量一般不超过 5%，故又称低合金耐热钢。它们一般在正火加高温回火后使其组织为珠光体或铁素体＋珠光体。12CrMo、15CrMo、12Cr1MoV、24CrMoV、35CrMo 等均属这类耐热钢。

合金元素 Cr、Mo、V 的加入，使这类钢具有较高的抗氧化和耐腐蚀的能力，有较高的高温强度和持久塑性。因此，它们在锅炉管道、汽轮机主轴、汽缸以及高温紧固零件上应用很广。

但由于合金元素总量不多，铬钼钢在 550℃ 以上、铬钼钒钢在 580℃ 以上，其组织不稳定性加剧，高温氧化速度增加，持久强度显著下降。为适应 580℃ 以上温度的需要，多采用增加铬含量并添加钛、硼等多种元素多元复合强化。例如，我国自行研制出的 12Cr2MoWVTiB 钢（钢 102）及 12Cr3MoVSiTiB 钢（Π11 钢）的使用温度已高达 600～620℃。不过，它们正火后的组织为贝氏体组织。

2. 马氏体耐热钢

马氏体耐热钢含有大量的合金元素，特别是铬的含量很高，如 1Cr13、2Cr13、1Cr11MoV、1Cr12MoWV 等。由于合金元素含量高，使得这类钢加热为奥氏体后置于空气冷却，也能得到马氏体组织，故称马氏体耐热钢。不过，这类钢一般经调质后使用，使用时的实际组织为回火索氏体。这类钢具有较好的耐蚀性、良好的减振性能，故多用作汽轮机叶片等零件。

3. 铁素体耐热钢

铁素体耐热钢含有更多的铬、硅等元素，以致只存在单一的铁素体相，如 1Cr25Si2、1Cr25Ti。这类钢具有较好的耐蚀性与抗氧化性能，但强度不高，只能制作在高温下承受低负荷的构件，如锅炉吹灰器、过热器吊架等。

4. 奥氏体耐热钢

奥氏体耐热钢含有大量的合金元素，特别是扩大 γ 相区的 Ni，以致只存在奥氏体相，如 1Cr18Ni9Ti、1Cr20Ni4Si2 等。由于奥氏体的晶格具有比铁素体晶格更高的致密度，奥氏体内原子间结合力明显比铁素体内原子间结合力大，且合金元素在奥氏体内的扩散也较在铁素体内缓慢。因此，奥氏体耐热钢比前面三种耐热钢具有更高的热强性。由于这类钢含有大量的 Cr、Ni，又是奥氏体单相组织，因此，也具有很好的抗氧化性能和抗蚀性。

奥氏体耐热钢的焊接性能很好。所以，多用来制造工作条件很差、工作温度高达 600～800℃ 的锅炉和汽轮机构件。

四、电站锅炉耐热钢的进展

从 1957 年开始，美国最早投入使用了第一台 125MW、参数为 31MPa、621/566/566℃ 的超超临界机组。之后由于各种原因，超临界以上的高蒸汽参数机组的发展在 20 世纪 70 年代曾经受阻，但在 20 世纪 80 年代初期，世界各国开始重新审视超临界机组的可靠性问题。超临界、超超临界机组的发展经过了一个曲折的发展过程。

　　迄今为止，人们已经清楚地认识到，要使发电机组的效率得到提高，只有提高蒸汽参数（压力、温度），发展超临界（SC）、超超临界（USC）发电系统。超超临界机组发电技术的优点是净效率达 43％～47％，煤耗在 279～300g/kWh，启动速度快，调峰性能好，低负荷运行稳定，脱硫脱硝工艺成熟而且 CO_2 排放量比亚临界机组、超临界机组减少了 2％～10％，具有显著的节约能源和减少污染的优势。而提高蒸汽参数，需要强度更高、性能更可靠的耐热钢。

　　在 1985～1990 年，日、美、苏、德、法等国已着手研制开发可实际运行的超超临界机组（USC），并制订了超超临界机组的两步发展计划，其中第一步目标的主蒸汽参数为 30MPa，593/593/593℃（USC-1）；第二步目标的主蒸汽参数为 34.5MPa，649/649/649℃（USC-2）。蒸汽参数从 538℃提高到 566℃，只要充分利用低合金和中合金 Cr-Mo 与 Cr-Mo-V 钢，如原来一直使用的低合金锅炉钢管，如 1.25％Cr-0.5％Mo（SA213-T11）、2.25％Cr-1％Mo（SA213-T22）以及 9％～12％Cr 系的 Cr-Mo 与 Cr-Mo-V 钢，如 EM12、X20、HT9、T9（SA213-T9）就可以达到，亦可采用改进的 9％～12％Cr 钢，以提高机组可靠性。

　　高蒸汽参数发电机组耐热钢开发的第一阶段是使蒸汽参数从 566℃提高到 593℃，这一温度的提高，只要采用改进了的铁素体钢就能实现，如改进型 9Cr1Mo 及改进型 9Cr-2Mo（NSCR9）、P92（日本为 NF616、欧洲为 E911）、P122（HCM12A）等；高蒸汽参数发电机组耐热钢开发的第二阶段是使蒸汽温度由 593℃提高到 649℃，这一温度的飞跃只能由奥氏体钢完成，主要有 19Cr-8Ni 和 20～25Cr 系的奥氏体不锈钢。

第四章

锅炉与汽轮机主要部件用钢

第一节 锅 炉 用 钢

锅炉是火力发电站的主要设备。它是把煤、重油等燃料燃烧所产生的热量转换成蒸汽的热能装置，由锅炉本体与辅助设备组成。

随着技术的发展，首先是从经济方面考虑，电站锅炉向高参数、大容量方面发展。国内电站锅炉蒸汽参数已从 20 世纪 50 年代的中压发展到现在的超临界和超超临界压力，机组容量已从 6MW 扩大到 600～1000MW。因此，对电站金属材料的要求越来越高。如高温受热面管子需大量采用奥氏体钢，电站用钢系列需要不断发展和完善。首先，机组参数要提高，要发展超临界、超超临界机组，从而要求有更好、更高档的材料加盟用钢系列。其次，随着冶金水平的不断提高，电站用钢的质量也会不断提高，性能也将随之提高，性能数据需要不断完善。再次，随着对电站用钢研究的不断深入，更好的钢种会被研制出来，这些钢种需要补充到用钢系列中去，使其更加完善。

本章所要介绍的主要是电站锅炉水、汽系统承压部件用钢。

一、省煤器、水冷壁类部件用钢

水冷壁敷设在锅炉炉膛四周的炉墙上。对中压自然循环锅炉而言，水冷壁全部是蒸发受热面；高压、超高压和压临界压力锅炉的水冷壁主要是蒸发受热面；在直流锅炉中，水冷壁既是水加热和蒸发的受热面，又是过热受热面，但主要是蒸发受热面。水冷壁管用于吸收炉膛中高温火焰和烟气的辐射热量，使管内工质受热蒸发，并起到保护炉墙的作用。运行中，由于管内水流的冷却作用，管子本身的工作温度并不高，但锅炉给水水质不好时，管子内壁容易产生垢下腐蚀，燃料中含硫量高时，管子外壁还会出现硫腐蚀。

省煤器是锅炉的尾部受热面。省煤器的作用是利用锅炉排烟加热锅炉给水。由于省煤器布置在锅炉尾部，因此，其工作温度不高，但温度波动较大。对于汽包锅炉，沸腾率大于 30％时，省煤器出口部分蛇形管容易产生脉动疲劳损伤。此外，管子外壁还要受到烟气中飞灰颗粒的磨损作用。

水冷壁管和省煤器管的用钢要求：

（1）应具有一定的室温和高温强度，以便管壁厚度不致过厚，从而有利于加工并获得良好的传热效果。

（2）具有良好的抗热疲劳性能和传热性能，以防因热疲劳或脉动疲劳损伤而导致过早的损坏。

（3）具有良好的抗高温烟气腐蚀性能，并要求耐磨损性能、工艺性能良好，尤其是焊接性能良好。

省煤器、水冷壁类部件用钢，对于国产锅炉来说，主要选用 20 优质碳钢。在一些引进设备中采用 ST45.8/Ⅰ钢管与 ST45.8/Ⅲ钢管，它们分别相当于 20 低中压锅炉无缝钢管与 20 高压锅炉无缝钢管。目前，我国已将 20g 与 ST45.8/Ⅲ定为互换钢种。

20 钢含碳量低、合金元素及杂质含量少，导热性能好、冷弯性能与焊接性能很好，在 500℃以下有较好的抗氧化性能，这些都是省煤器与水冷壁类部件所要求的性能。从 GB 9222—2008《水管锅炉受压件强度计算》可知，当温度达到 450℃时，20 钢的基本许用应力为 60MPa，在温度高达 500℃时，仍为 26MPa，完全能满足省煤器、水冷壁类部件的强度要求；加之它价格低廉，因此被广泛应用于制造各类锅炉的省煤器、水冷壁。

近年来，随着超临界（SC）和超超临界（USC）锅炉蒸汽压力和温度的升高，水冷壁温度也在提高，在 31MPa/620℃蒸汽参数的锅炉水冷壁中，出口端的汽水温度达 475℃，热负荷最高区的水冷壁管子壁温可达 520℃。这就需要合金含量更高、热强性更好的钢材，于是低合金钢在高蒸汽参数的火电厂锅炉中得到了大量应用。低合金钢的钢种主要包括 T/P12（15CrMo）、T/P22（12Cr2Mo）以及 12Cr1MoV。日本、欧洲在 T/P22 的基础上开发了 T/P23、T/P24。这两种材料的焊接性能优良，适合作超超临界压力锅炉的水冷壁和汽水分离器材料。T/P23（HCM2S）是在 T/P22（2.25Cr-1Mo）钢的基础上吸收了 102 钢的优点改进的；T/P24 钢在 T/P22 基础上增加了 V、Ti、B，减少了 C 含量。T23 和 T24 钢是蒸汽温度低于 620℃的超超临界锅炉水冷壁上部管子的最佳选择材料。

二、过热器、再热器和蒸汽管道类用钢

蒸汽管道包括主蒸汽管道、导汽管和再热蒸汽管道，其作用是输送高温、高压过热蒸汽。运行中，蒸汽管道主要承受管内过热蒸汽的温度和压力作用，以及由钢管重量、介质重量、保温材料重量、支撑和悬吊等引起的附加载荷的作用；管壁温度与过热蒸汽温度相近，即蒸汽管道是在产生蠕变的条件下工作的。此外，在锅炉启停和变负荷工况下，还要承受周期性变化的载荷和热应力的作用，即还要承受低循环疲劳载荷的作用。

蒸汽管道的用钢要求：

（1）应具有足够高的蠕变强度、持久强度和持久塑性。蒸汽管道通常以 10^5 h 或 2×10^5 h 的高温持久强度作为强度设计的主要依据，再用蠕变极限进行校核。持久强度反映材料抗持久破坏的能力，蠕变极限反映材料抗长期变形的能力。材料的热强性能高，可提高蒸汽管道运行安全性，还可以减少因管壁过厚给加工工艺带来的困难。一般要求钢材在工作温度下的持久强度平均值不低于 $50 \sim 70$ MPa；在整个运行期内允许累积的相对蠕变变形量不低于 2%；持久强度和蠕变极限的分散范围不超过 ±20%；持久塑性的延伸率不小于 3%～5%。

（2）在高温下、长期运行过程中应具有相对稳定的组织。

（3）蒸汽管道的热加工和焊接的工作量很大，钢材应具有良好的工艺性能，特别是焊接性能要好。

过热器管和再热器管均布置在锅炉烟温较高的区域。过热器用于将饱和蒸汽加热成具有额定温度的过热蒸汽，而再热器则用于将汽轮机高压缸（或中压缸）排出的蒸汽重新加热到某一温度的再热蒸汽。运行中，两种管子的管壁温度高于管内介质温度 $20 \sim 90$℃。与蒸汽管道一样，它们也是在长期高温应力作用下，即在产生蠕变的条件下工作的。此外，由于布置在炉内，因此还要承受高温烟气的腐蚀和烟气的磨损作用。

过热器管和再热器管的用钢要求：

（1）应具有足够高的蠕变极限、持久强度和持久塑性，并在高温下长期运行过程中具有相对稳定的组织。

（2）具有高的抗氧化性能，所用钢材在工作温度下的氧化速度应小于 0.1mm/a。

（3）具有良好的冷热加工工艺性能和焊接性能。

从性能要求来看，过热器、再热器和蒸汽管道相同。但是，考虑到蒸汽管道与联箱发生事故时的影响面要比过热器管大，后果也要严重得多，因此，对于同一钢号的材料，用于蒸汽管道类的最高使用温度一般要比过热器管类的最高使用温度低 $30 \sim 50$℃。

低温过热器管及刚从高压缸引出的再热器冷段，其内部流经的蒸汽温度较低，按热交换要求来计算其壁温，也没有超过 500℃，因此，这些部件仍可用 20g 或 45.8/Ⅲ钢制造。

当过热器管与再热器管的金属壁温达到 500℃时，由于 20g 的强度、热强性、抗氧化性等各项指标急剧下降，已不再适用，因此，对于壁温超过 500℃的过热器、再热器以及壁温超过 450℃的蒸汽管道与联箱的用材，就必须选用耐热钢。

15CrMo 钢是各国广泛应用的 $1Cr\text{-}\frac{1}{2}Mo$ 和 $1\frac{1}{4}Cr\text{-}\frac{1}{2}Mo\text{-}Si$ 钢。属这种类型的钢有瑞典钢号 HT5，美国钢号 T11、T12、P11、P12，日本钢号 ST-BA22、STBA23，德国钢号 13CrMo44 及前苏联的 13XM 钢。它在 500～550℃范围内具有较高的热强性，还具有足够的抗氧化性能和良好的工艺性能。15CrMo 钢热轧后通常要进行 930～960℃正火和 680～730℃回火，使用组织为铁素体＋珠光体。该钢经长期运行后没有石墨化倾向，但会发生珠光体球化与合金元素的重新分配，从而导致了热强性下降，故使用温度范围限于制造壁温≤540℃的过热器、再热器管和壁温≤510℃的蒸汽管与联箱。它的冷加工性能和焊接性能良好，可进行对焊、气焊、电弧焊和自动焊。焊前应预热到 150～200℃（手工电弧焊小口径薄壁钢管时，可不预热），焊后于 680～720℃回火。

12CrMoV 钢是在铬钼钢中加入少量的钒，从而可阻止钢在高温下长期使用过程中合金元素钼向碳化物中的转移，同时提高钢的组织稳定性和热强性。与 12Cr1MoV 钢相比，钢中的含铬量较低，这在 550℃以下，对机械性能和热强性能影响不大，但当温度高于 550℃时，其性能低于 12Cr1MoV 钢，用于壁温≤570℃的过热器和壁温≤540℃的蒸汽管等。

12Cr1MoV 钢是目前国内外广泛应用的低合金耐热钢。该钢属珠光体热强钢，由于钢中加入了少量的钒，因此可以降低合金元素（如钼、铬）由铁素体向碳化物中转移的速度，弥散分布的钒的碳化物可以强化铁素体基体。该钢在 580℃时仍具有高的热强性和抗氧化性能，并具有高的持久塑性。它与 15CrMo 钢相比较，其合金元素总量相同，只不过是 Mo 有所减少、Cr 稍有增加，并加入了适量的 V，其热强性与持久塑性有所增加；加之它在 580℃以下抗氧化性能良好（腐蚀速度为 0.05mm/a），工艺性能和焊接性能较好，因此被广泛用于制造壁温≤570℃的过热器、再热器管和壁温≤550℃的蒸汽管与联箱。

12Cr1MoV 钢管热轧后经正火和高温回火后才能使用。由于它对热处理很敏感，建议正火温度为 980～1020℃，回火温度为 720～760℃。使用时的组织为铁素体＋珠光体。当其经过长期高温运行后，也会发生珠光体球化和合金元素的重新分配，使其热强性下降。特别是当工作温度达到 600℃时，氧化加剧，持久强度显著降低，因而它的使用范围限制在制造壁温≤570℃的过热器、再热器管和壁温≤550℃的蒸汽管与联箱。

12Cr1MoV 钢的焊接性能良好，可用碰焊、气焊、手工电弧焊、自动焊焊接。手工电弧焊前应预热至 200～250℃（小口径薄壁管可不预热），焊后于 710～750℃回火。

12MoWVESiRe（又称无铬 8 号）钢是我国结合国内资源研制出来的一种不含铬的多元素低合金耐热钢。它虽然不含铬，但由于 Si 和 Re 等元素的作用，在 580℃以下，其抗氧化性能、综合力学性能和工艺性能均较好，且持久强度也较高。但由于该钢的生产工艺尚不成熟，质量也不够稳定，因此，通常只用于制造壁温≤580℃的过热器管。

在 Cr-Mo 钢中，当 Mo＝1%、Cr＝2.25% 时，即构成了所谓的 $2\frac{1}{4}$Cr-1Mo 钢。该类钢在德国、日本、英国、美国等的高参数机组中已有相当长的使用历史。例如，德国的 10CrMo910 钢，属于这类钢的有美国钢号 P22、瑞典钢号 HT8、日本钢号 STBA24 等。这类钢的高温力学性能比 12Cr1MoV 钢稍低。因此，它们在同参数下使用时，壁厚比 12Cr1MoV 钢的壁厚要厚。但是，它的焊接和加工性能良好，对热处理性能不敏感，持久塑性好。这对现场弯管和焊后热处理等工艺带来了很多方便，加之该钢性能稳定、工艺成熟、运行安全性好，因而它的应用很广。我国与这一种类的钢相应的钢号为 12Cr2Mo，并已列入我国高压锅炉钢管标准 GB 5310—2008《高压锅炉用无缝钢管》中。

12Cr2MoWVTiB 钢（即钢 102）是我国结合本国资源研制出来的低合金耐热钢，具有优良的综合力学性能与工艺性能，其热强性超过了国内外同类型钢种，在工作温度≤620℃时抗氧化性能还很好。电站热力设备实际运行表明，该钢组织性能稳定、使用性能良好，是一种较为经济的超高压锅炉过热器材料。目前多用于壁温为 600～620℃的过热器、再热器管，但很少用于蒸汽管道。

该钢由于多种合金元素的影响，奥氏体化后空冷得到贝氏体。通常在正火＋高温回火状态下使用，使用组织为回火贝氏体。为了提高钢在使用温度下的组织稳定性、热强性和持久塑性，其回火温度一般应比使用温度高出 100～150℃为好。因此，它的正火温度为 1000～1035℃，回火温度为 760～790℃。它具有良好的焊接性能，可进行手工电弧焊、气焊、对焊、摩擦焊等焊接，但焊前应预热（电弧焊小口径薄壁管除外），焊后必须进行 760～780℃回火。

12Cr3MoVSiTiB 钢（即 Π11 钢）也是我国结合国内资源研制出来的一种

低合金贝氏体型耐热钢，其综合性能良好，在 600～620℃ 以下具有较高的热强性。由于含 Cr 量较高，其抗氧化性能比钢 102 还好，但持久强度较钢 102 低。该钢在电站热力设备中实际运行情况良好，和钢 102 一样，主要用于制作壁温为 600～620℃ 的超高压锅炉的过热器、再热器管，且焊接工艺也同于钢 102。

多年来，国外也致力于进一步提高珠光体耐热钢的使用温度，使之适应于 600～620℃，以代替价格高昂的高合金耐热钢，并已取得了一定的成绩。例如，前苏联的 12X2MφCP 钢、эи454 钢、эи531 钢及德国的 10CrSiMoV7 钢等。

目前工作在 538～566℃ 蒸汽参数下的低合金 Cr-Mo 钢主要是 2.25Cr-1Mo（T22/P22）和 1Cr-Mo-V（12Cr1MoV）钢。为进一步提高低合金耐热钢的热强性，日本新研制的 HCM2S 不仅具有优于常规低合金耐热钢的高温蠕变强度，而且具有优于 2.25Cr-1Mo 的可焊性。HCM2S 利用高 W 的固溶强化和 V、Nb 的弥散强化提高了高温蠕变强度，比较低的含碳量提高了可焊性，使得 HCM2S 不需要焊前预热和焊后热处理，HCM2S 已经获得 ASME 锅炉压力容器规范 CASE2199 的认可，列为 SA213-T23。

当锅炉出口蒸汽温度达到 555℃ 时，蒸汽管道用材就不能再采用低合金耐热钢；当蒸汽温度达到 570℃ 时，过热器、再热器用材也需采用高合金耐热钢才能满足使用性能的要求。Cr12 型、9Cr-1Mo 型、9Cr-2Mo 型马氏体耐热钢就是为满足这些要求而开发的。

德国钢号 X20CrMoV121 又称 F12 钢，瑞典钢号 HT9，前苏联钢号 эи750、эи993，日本钢号 12Cr-1Mo-1WVNb 等都属于 Cr12 型钢。这类钢含碳量为 0.20% 左右，含 Cr12%，含 Mo0.8%～1.2%，同时还含有一定量的 W、V、Nb。因此，它们具有强度高的特点，若用它们代替 10CrMo910 钢，可减薄壁厚 40%。它们具有良好的耐热性能，在 630～650℃ 条件下，其抗氧化性能和奥氏体耐热钢接近。从 20 世纪 70 年代起，我国已采用 F12 钢制作 300MW 机组锅炉（出口蒸汽温度为 555℃）的再热器、联箱和主蒸汽管道。但该钢的工艺性能较差，故未被世界各国普遍使用。

美国钢号 ASTM A213（简称 A213 或 T9）、日本钢号 STBA26、瑞典钢号 HT7、德国钢号 X12CrMo91 等均属于 9Cr-1Mo 钢。这类钢含 Cr 为 8%～10%，主要用来提高钢的抗氧化性、抗蚀性及高温强度，其含 Mo 为 1% 左右，主要用来提高高温强度和防止铬的热脆性。因此，该钢具有较好的抗氧化性和高温强度，适于制造壁温≤650℃ 的过热器管和壁温≤570℃ 的蒸汽管道，但其工艺性能仍较差。

日本钢号 HCM9M 钢含 Cr 为 8%～10%，含 Mo 为 1.8%～2.2%，构成了 9Cr-2Mo 钢，使钢的工艺性能大为改善，且提高了钢的热强性，为高合金耐热钢的研究展示了方向。

10CrMo1VNb（T91 和 P91）钢属于改良型 9Cr-1Mo 高强度马氏体耐热钢。该钢在 T9 钢的基础上，降低了 S、P 和 C 的含量，添加了 V、Nb 等合金元素，应用固溶强化的合金化理论，使 T91/P91 钢管不仅保持了 9Cr 钢优良的抗高温腐蚀能力，而且钢的各项性能均有了大幅度的提高。德国的 X20CrMoVNb91 钢、日本的火 STBA28、火 STPA28，以及我国的 10CrMo1VNb 钢均相当于美国的 T91 和 P91。该钢已在世界范围内广泛应用。

随着超临界、超超临界技术的发展，新型的铁素体耐热钢不断发展，在 P91 的基础上发展了 P92（NF616）和 E911（P911）。P92 钢（日本为 NF616、欧洲为 E911）在 P91 基础上降低了 Mo，添加了 W，产生了固溶强化和拉维斯相强化，工作蒸汽温度可达 620℃。在 12%Cr 钢中开发了 P122（HCM12A）钢。这几种钢高温强度比 P91 高，是目前超超临界压力锅炉（蒸汽温度低于 620℃）的联箱和高温蒸汽管道的主要材料。

随着机组参数的提高，过热器和再热器高温段使用了奥氏体钢，安全裕度增加，并使炉子的布置更为合理。使用的奥氏体钢有 1Cr19Ni9 和 1Cr19Ni11Nb。前者与之相当的外国钢种有美国的 A213TP304H、日本的 SUS304TB；后者与之对应的外国钢种有美国钢号 A213TP347H、日本钢号 SUS347TB、英国钢号 832NL。

奥氏体钢具有很好的综合力学性能，具有很高的热强性与抗氧化性，因而可提高蒸汽压力和金属壁温，使炉子的结构自如，安全裕度增大。虽然它存在价格高昂、应力腐蚀敏感及异种钢焊接等问题，但从锅炉布置合理与降低煤耗等方面综合考虑，随着我国资源的开发和国外先进技术的引进，在锅炉制造中使用奥氏体钢会越来越普遍。

奥氏体耐热钢主要用于制造锅炉的过热器、再热器。目前，在普通蒸汽条件下使用的 18%Cr 钢主要有 TP304H、TP321H、TP316H 和 TP347H，其中 TP347H 具有较高的强度。通过热处理使其晶粒细化到 8 级以上即得到 TP347HFG，其蠕变强度和抗蒸汽氧化能力加强。Super304 是在 HTP304H 的基础上添加 3.0%Cu 并 Nb、N 合金后，通过析出富 Cu 相对基体进行强化，提高了耐热强度、抗蒸汽氧化能力和焊接性能。这两种奥氏体耐热钢在国外超超临界压力锅炉过热器中得到大量应用。20%～25%Cr 和高 Cr-高 Ni 钢抗腐蚀和抗蒸汽氧化性能很好,近几年开发了 25Cr20NiNbN(TP310NbN)、20Cr25NiMoNbTi(NF709)、22Cr15NiNbN(Tempaloy A-3)和更高强度级别的 22.5Cr18.5NiWCuNbN(SAVE25),这些钢通过奥氏体稳定元素 N、Cu 取代 Ni 降低成本。目前,用于 593/649℃的材料只能是 20%～25%Cr 系的奥氏体不锈钢,如 HR3C、NF709、Tempaloy A-3。

三、汽包用钢

汽包是锅炉中最关键的受压元件,其作用是接纳省煤器给水并进行汽水分离,向循环回路供水和向过热器输送饱和蒸汽,除去盐分以获得良好的蒸汽品质,负荷变化时起蓄热和蓄水作用。

汽包出现问题后,修复难度极大,如果发生因汽包破裂而引起爆炸,则是厂毁人亡的灾难性事故。因此,对汽包必须从设计、选材、制造、安装及运行各个环节给予充分重视,做到万无一失,确保安全、可靠地运行。

汽包是在一定的温度和压力下工作的,并承受水、汽介质的腐蚀作用。由于锅炉的设计参数不同,汽包的工作压力、温度也不同,随着锅炉的设计参数提高,汽包的工作压力、温度也不断地提高。锅炉启停时,汽包上下壁和内外壁温差会导致很大的热应力,特别是在管孔周围等部位,这种温度的交变,以及低周疲劳和应力集中的作用,容易引起材质损伤。

锅炉汽包的用钢要求:

锅炉汽包安全运行与诸多因素有关,其中最重要的因素之一是材料性能应得到保证。在汽包制造过程中,钢板要经过下料、卷板、焊接和热处理等各种冷热加工工序,因此,对汽包钢板应有如下要求:

(1)良好的冶金质量。钢的纯洁度对汽包钢板,特别是特厚板的脆性转变温度 FATT 有很大影响。因此,要求钢中硫、磷等杂质和气体含量尽量低,以提高钢的纯洁度;除此之外,还要求钢板有良好的低倍组织,要求钢的分层、非金属夹杂、气孔、疏松等缺陷尽可能少,不允许有白点及裂纹。

(2)较高的室温和中温强度。一般的中、低压锅炉汽包采用屈服强度为 250～350MPa 级的钢种,高压以上锅炉汽包采用 400MPa 或更高强度级别的钢种。从制造工艺性能和材料的低周疲劳特性等安全因素考虑,屈强比(σ_s/σ_b)太高的钢也不宜于选用。

(3)良好的塑性、韧性储备。钢材经冷加工变形后,在室温或较高的温度下,内部脱溶沉淀过程引起性能(主要是冲击韧性)随时间发生变化,在 200～300℃时,这个过程进行得最为强烈,导致钢材冲击值显著下降。而这个温度范围大体上就是汽包的工作温度,因此,要求钢材有较低的时效敏感性,一般要求冲击值下降率不大于 50％或绝对值不小于 $30 \sim 35 J/cm^2$。此外，钢材还要有良好的塑性和冷弯性能，以满足钢板下料、卷板等工艺过程的要求。

（4）较低的缺口敏感性。汽包制造中要在钢板表面开管孔和焊接管接头，这将导致应力集中，所以要求钢材有较低的缺口敏感性和良好的塑性性能，以便减小应力集中的影响。

（5）良好的焊接性。汽包纵向焊缝的焊接采用自动焊或电渣焊，各筒节的拼接环焊缝的焊接采用埋弧自动焊，人孔圈、管接头采用手工焊。近年来，由于大量采用低合金高强度钢作为汽包钢板，对焊接质量要求更为突出，因此，要求汽包用钢对各种焊接工艺应有很大的适应性，即形成各种焊接裂纹的敏感性要小。

汽包用钢可分为优质碳素钢和普通低合金钢两大类。碳钢主要以低碳钢为主，其次是中碳钢。普通低合金钢主要以碳锰钢为主，其次是在此基础上，单独或复合加入一种或几种合金元素，形成各种系列的钢种，如碳锰钼、碳锰铌钼、碳锰钼钒、碳锰钼铌、碳锰钼铬镍钒等系列钢种。制造低、中压锅炉的汽包时，一般采用 20 优质碳钢，但为了减轻汽包重量，有的也采用低合金结构钢。制造高压、超高压锅炉汽包时，则普遍采用低合金结构钢。这类钢加入了 Mn、Mo、V、Nb 等强化元素，具有较碳素钢高得多的屈服强度。

20g 具有一定的强度，塑性、韧性、成形和焊接工艺性能均很好，用于制造中、低压锅炉汽包，也用于制造一些锅炉的大梁。钢板以热轧状态供货，必要时可进行 $890 \sim 920℃$ 正火处理。

12Mng 在热轧状态和正火状态下的各种性能均能满足低、中压锅炉对钢材的要求，而且焊接性能良好，厚度小于 16mm 的钢板焊前可不预热。该钢是屈服强度为 294MPa 级别的普通低合金钢，用于代替 20g，可节约金属约 17％。一般情况下，钢板以热轧状态交货，必要时可进行 $900 \sim 920℃$ 正火处理。

16Mng 是我国应用最早、最广泛的低合金结构钢种之一。采用 16Mng 代替 20g 后，可节省 20％～30％的钢材。16Mng 是屈服强度为 343MPa 的锅炉汽包用钢，具有良好的综合机械性能、抗疲劳性能、焊接与成形的能力，用于高、中压锅炉汽包和大型锅炉大梁的制造。它一般以热轧状态供货，对中、厚板材，为了改善其综合性能，特别是冲击韧性，可进行 $900 \sim 920℃$ 正火处理。经正火的钢板，其韧性显著提高，并降低了脆性转变温度。在进口钢材中，德国的 19Mn6 的成分接近于 16Mng，性能与热处理工艺也与 16Mng 相似，在我国用于制造高压锅炉汽包。

15MnVg 具有良好的综合机械性能和焊接性能，其强度级别较 16Mng 有所提高，但有较大的缺口敏感性，因此，在加工时应予以注意。它主要用于制造中、高压锅炉汽包和大型锅炉的大梁，为了改善其韧性和降低脆性转变温度，应进行 940～980℃ 正火处理。

14MnMoVg 是在 15MnVg 的基础上发展起来的，是屈服强度为 490MPa 的低合金结构钢。0.5％Mo 的加入不仅使室温强度增加，而且使耐热性也大大增加，当温度高达 400℃ 时，其基本许用应力仍大于 200MPa。因此，它被用于制造高压、超高压锅炉的汽包，通常以大于 60mm 的钢板供货，在热轧状态下，其塑性和韧性较差，故通常采用 960～980℃ 正火处理，再进行 610～630℃ 回火处理。若对其进行调质处理，其机械性能可进一步提高。它的焊接性能尚好，但焊板厚度大于 15mm 的钢板，焊前应预热至 150～250℃；对于板厚度大于 20mm 的钢板，焊后还应进行 600～650℃ 去应力退火。

18MnMoNbg 是充分利用我国富有的资源 Nb，在 20Mn 钢的基础上发展起来的。由于 Mo 和 Nb 的加入，钢的室温强度很高，而且耐热性也较好，是制造高压和超高压锅炉汽包的一种很有前途的钢种，目前主要用来制造 200MW 机组的锅炉汽包。它通常在 950～980℃ 正火，再进行 600～650℃ 回火后使用。焊接加工工艺与 14MnMoVg 相同。

近年来，我国引进了许多国外大机组及制造技术。在制造大机组锅炉时，有的厂家采用了德国钢号 BHW35，相应的国产钢号为 13MnNiMoNb。

BHW35 为德国蒂森钢厂制造，该钢合金元素设计合理（0.15％ C、0.10％～0.50％ Si、1.00％～1.60％ Mn、0.6％～1.00％ Ni、0.005％～0.020％Nb、Mo 与 Cr 均为 0.20％～0.40％）、组织稳定，具有良好的综合机械性能与工艺性能，是屈服强度为 392MPa 级别的含 Mn、Ni、Mo 强韧性配合良好的低合金钢。一般情况下，该钢在正火加高温回火的状态下使用，正火温度为 890～950℃，回火温度为 580～690℃。正火组织为贝氏体加铁素体，回火组织为回火贝氏体加铁素体，故该钢又可称为低合金贝氏体钢。若用该钢制造汽包，不仅壁厚可以减薄，而且其低周应变疲劳性能较好，汽包运行时，低周疲劳损伤小。目前，国内已掌握了 BHW35 钢的汽包（300MW 机组锅炉）制造工艺，已经生产的 13MnNiMoNb 特厚钢板，其综合性能和工艺性能已达到 BHW35 钢的水平。

A299 钢是美国用于大型锅炉的 C-Mn-Si 系列汽包钢板，其化学成分与强度级别类似于我国的 16Mng 与德国的 19Mn6，但钢中含碳量更高（含碳量高达 0.3％）。碳锰钢与低合金结构钢相比，焊接性能较好，塑性和韧性也较好。

生产实践与运行结果证明，该钢具有良好的综合力学性能和各种冷、热加工能力，完全可以满足锅炉汽包的设计制造工艺和运行的技术要求，且其脆性转变温度较低，若用该钢制造汽包，可在较低温度下进行水压试验，再加上其断裂韧性较好，汽包带伤运行时脆性断裂的危险更小。焊接工艺较简单，焊前预热温度低（150℃），焊接接头性能好。

第二节　汽轮机主要部件用钢

汽轮机是火力发电厂完成能量转换的大型设备。它的很多零件长期在高温、高压和高速转动的条件下工作，而且彼此间的工作温度、压力和环境差异很大，因此，各零件的选材也不相同。本节将介绍汽轮机几种主要部件用钢。

一、汽轮机叶片用钢

叶片是汽轮机最重要的部件之一。汽轮机运行时高温高压蒸汽推动它旋转，再通过它带动汽轮机叶轮与轴旋转。叶片担负着将高温蒸汽的热能转换为机械能的作用，工作条件极其复杂。运行中转子高速旋转时，由叶片的离心力引起拉应力，叶片各个截面的重心不在同一直线上或叶片安装位置偏高，叶轮辐射方向所产生的弯曲应力，由蒸汽流动的压力造成叶片的弯曲应力和扭转应力，都传递到叶根的销钉孔或根齿，还会产生剪切和压缩应力。由于机组的频繁启停、气流的扰动、电网频率的改变等因素的影响，叶片承受交变载荷的作用。另外，转子平衡不好、隔板结构和安装质量不良、个别喷嘴节距不一、喷嘴损坏等，都会引起叶片振动的激振力。处于湿蒸汽区的叶片，特别是末级叶片，还要经受化学腐蚀和水滴的冲蚀作用。

因此，叶片的工作条件是极其恶劣的，而且每一级叶片的工作温度、受力状态各不相同。第一级叶片的级前温度和压力接近锅炉出口蒸汽的温度和压力，以后各级叶片的工作温度和压力随着蒸汽的做功而降低，但蒸汽的湿度却相应加大。到最后几级叶片，其工作温度已经接近100℃，蒸汽中已夹杂着水滴的冲击。与此同时，各级叶片的尺寸也随之增大，如200MW机组的第一级叶片高为34mm，末级叶片高为665mm，由此引起的是叶片旋转时由于自重而产生的离心力也将增大。

从汽轮机叶片的装配结构来分析，在其运行时，汽流的脉冲与轴轮上其他部件的振动，均会导致叶片产生振动。当其振动频率与固有频率相同或成一定倍率时便发生共振。共振往往导致叶片在短期内发生疲劳断裂。个别叶片断裂后，其碎片可能将相邻叶片打坏，或被高速汽流带走，将后面级的叶片击坏，还有可能使转子失去平衡而发生强烈振动，造成更严重的后果。为了提高叶片的刚性和抗震能力，汽轮机的中短叶片常用围带连在一起，长叶片则用拉筋连成几组，这对防止共振破坏有所改善，但叶片用钢具有下列性能则是必须的。

（1）具有足够的强度以抵抗叶片工作中所承受的离心力和弯曲应力。低、中压汽轮机叶片的工作温度一般不超过 400℃，可以常温力学性能为依据；高压汽轮机前几级叶片工作温度在 400℃ 以上，除常温力学性能外，更重要的是高温力学性能。汽轮机汽缸和叶片之间的间隙很小，叶片工作时允许的变形量很小，因此要求叶片材料具有较高的蠕变极限、持久强度与持久塑性，而且一般都是以 10 万 h 的蠕变极限为设计依据。

（2）具有足够的塑性和韧性。足够的塑性使叶片能抵抗应力集中；足够的韧性使叶片能经受住较大的冲击力，以减少突然冲击载荷而发生断裂。

（3）具有较高的疲劳强度。从大量的汽轮机叶片断裂事故的分析中可以看出，叶片断裂失效绝大多数属于疲劳断裂失效。较高的疲劳强度是抵抗疲劳破坏的主要因素，但对材料本身的冶金质量、夹杂物的数量和分布、热处理与加工工艺也不容忽视，因为它们也将影响叶片的疲劳抗力。

（4）具有良好的减振性。金属材料通过内摩擦（内耗）吸收振动能并把它变为热能的能力叫做减振性。

（5）具有良好的耐蚀性能和耐磨性能。汽轮机叶片的最后几级在湿蒸汽中工作，由于湿度大及蒸汽中含有盐类和氧，因此，最后几级叶片会产生电化学腐蚀；此外，还会因经受水滴的冲击而产生机械磨损，且磨损程度取决于蒸汽温度与叶片的圆周速度，在大容量汽轮机的最后几级叶片，磨损更为严重。因此，除了选用耐蚀性和耐磨性能好的材料外，还需在最后几级叶片的进汽侧上端堆焊或钎焊硬质合金，以提高其抗水蚀能力。

（6）良好的工艺性能。叶片成型工艺复杂、加工量大，约占主机总加工工时的 1/3，因此，要求加工工艺性能好，有利于叶片大批量生产并降低成本。

汽轮机叶片材料主要采用马氏体耐热钢，如 1Cr13、2Cr13、1Cr11MoV、1Cr12WMoV、2Cr12NiMoWV（C-422）、2Cr12Ni2WMoV 等。它们在工作温度下具有足够的机械性能和高温性能，与低合金耐热钢相比，具有更高的化学稳定性和减振性。

1Cr13 钢与 2Cr13 钢都是应用最广泛的叶片钢，属于马氏体型铬不锈钢。该钢碳含量较高、淬透性好，并且有较高的耐蚀性、热强性、韧性和冷变形性能，能在湿蒸汽及一些酸碱溶液中长期运行。它们除具有较高的抗蚀性和热强性外，还具有在目前所有钢种中最好的减振性。1Cr13 可用作 450～475℃ 温度下的叶片材料。2Cr13 钢的强度和硬度略高于 1Cr13，但抗蚀性较差，可用作 450℃以下的叶片材料。

1Cr11MoV 钢（有时写成 Cr11MoV）属于马氏不锈钢，是改型的 12% 铬钢的典型钢种之一。含 Cr 量稍低于 1Cr13 钢，但由于含有 Mo 和 V 等元素，使热强性和组织稳定性明显提高，且具有较好的减振性能和较小的线膨胀系数。它对回火脆性不敏感，在 500～600℃长期保温后的室温冲击韧性变化不大，所以允许采用淬火后较低温度回火来获得高强度。因此，它是制造低于 540℃条件下使用的叶片的良好材料。

1Cr12WMoV 钢（有时写成 Cr12WMoV）相当于前苏联钢号 ЭИ802，是 12% 铬钢的改型钢种之一。由于加入了 W、Mo、V 等元素，因此提高了热强性；在 580℃左右还具有较高的持久强度、蠕变极限、持久塑性，组织稳定性、减振性能良好，还具有较好的耐蚀性。因此，它可用于制造温度在 580℃ 以下的大功率汽轮机叶片等。应当指出，该钢焊前应预热到 350～400℃，焊后不宜直接高温回火，而应待冷却到 100～150℃后再进行高温回火，否则会降低焊缝及其附近区域的塑性和韧性。

2Cr12WMoVNbB 钢（有时写成 Cr12WMoVNbB）相当于前苏联 ЭИ993 钢，是 12% 铬钢的改型钢种之一。它是在 2Cr13 的基础上稍微减少了 Cr 含量而多加入了强化元素 W、Mo、V、Nb、B。W 与 Mo 提高了钢的热强性；Nb 则更进一步提高了热强性；B 改善了高温下的晶界状态，也提高了钢的热强性。因此，它的高温强度比 2Cr13 高出几乎 1 倍，热强性能较高，抗松弛性能较好，可长期在 590℃以下使用，多用于制作 570～600℃下长期工作的叶片、螺栓等零件。该钢的加工性能和焊接性能均较好，工艺与 2Cr13 相同。

2Cr12NiMoWV 钢相当于美国钢号 C-422，是 12% 铬钢的改型钢种之一，在国外得到普通使用。与 1Cr12WMoV 钢相比，碳、钨与钼的含量均有所增加，且加入了少量的镍，从而提高了其高温性能。此外，钢的缺口敏感性小，并具有良好的减振性能、抗松弛性能和工艺性能。因此，目前欧美国家大容量机组的高、中压级叶片及围带用材普遍采用 2Cr12NiMoWV，用于制造工作温度低于 550℃的汽轮机动叶片和围带，也可用于制造阀杆、螺栓。

2Cr12Ni2W1Mo1V 钢是在 12% 铬钢的基础上加入较多量的 Ni、W、Mo、V 等强化元素改进而成的高强度马氏体不锈钢。该钢具有高的强度及良好的韧性配合。该钢的屈服强度大于 735MPa，冲击值大于 59J/cm²，且抗蚀性和冷热加工性能良好。该钢硬度为 HB293～HB331，高温形变处理工艺简单、成品率高。与调质处理叶片相比，形变处理叶片晶粒细化且分布较为均匀，其机械性能和断裂韧性均较高。该钢抗回火能力强，因此，使叶片进汽边硬质合金片的焊后热影响区性能不受影响，用于制造 300MW 汽轮机末级和次末级动叶片。

1Cr17Ni2 属马氏体钢，相当于日本钢号 SUS431（JIS）、美国钢号 431（ASTM）。经淬火加低温回火后，具有高的强度、韧性和耐蚀性。为避免钢中因 α 相增多而引起机械性能降低，应控制钢中的镍铬含量，即镍控制在 2%～2.5%，铬控制在 16%～17%；用于制造工作温度低于 450℃ 且要求高耐蚀性和高强度的叶片。

0Cr17Ni4Cu4Nb 属典型的马氏体沉淀硬化不锈钢，既保持了不锈钢的耐蚀性，又通过马氏体中金属间化合物的沉淀强化提高了强度。该钢的衰减性能好，抗腐蚀疲劳性能及抗水滴冲蚀的能力优于 12%Cr 钢。固溶后，可根据不同的强度要求选用不同的回火温度。经过热处理的锻件，应具有均匀的回火马氏体组织，晶粒度为均匀的回火马氏体组织，一般为 ASTM6 号或更细，纤维状或块状 δ 铁素体平均量不超过 5%，以保证锻件性能。一般用于制造既要求耐蚀性，又要求较高强度的汽轮机低压末级动叶片。

低合金耐热钢用于叶片材料已经引起了重视。汽轮机变速级叶片和中间各级叶片处于过热蒸汽介质下工作，受到的氧化和腐蚀极微，对这几级叶片的耐蚀性不需要提出过高的要求。减振性低的问题，可以通过调频使之避开共振区。另外，它也具有足够的机械性能，在 570℃ 以下，还具有足够高的持久强度和蠕变强度，均能满足这几级叶片的要求。目前，国内机组与国外机组已经使用低合金耐热钢，如 25Mn2V、20CrMo、24CrMoV 等钢。

25Mn2V 钢（德国钢号 25MnV8）是以锰为主要合金元素的合金结构钢。经调质处理后，其强度、塑性和韧性均较好，低温冲击值也较高。钢中合金元素较少，符合我国资源情况，可作为低碳镍钢的代用钢，用于制造工作温度低于 450℃ 的中温中压汽轮机压力级各级动叶片和隔板叶片。

20CrMo 是广泛应用的铬钼结构钢，具有良好的机械性能和工艺性能。在 520℃ 以下具有良好的高温持久性能。焊接性能尚好，作为叶片使用时，表面采取适当的防护措施，更有利于运行。一般用于制造中压 125MW 以下汽轮机的压力级叶片。

目前，在大型汽轮机组中还采用了奥氏体耐热钢，如 1Mn18Cr10MoVB（K9）等。1Mn18Cr10MoVB 属奥氏体热强钢，具有较高的持久强度、蠕变强度和高温疲劳极限，并具有满意的长期时效稳定性，基本上没有时效脆弱性倾向，可以通过热加工变形来改善钢屈服强度和持久强度。该钢也用于制造工作温度为 620℃的燃气轮机叶片，可用于代替 1Cr17Ni13W。

二、转子用钢

汽轮机的转动部分统称为转子。严格地说，转子由主轴、叶轮、叶片及联轴器组成，但在很多场合也将主轴和叶轮的组合件称为转子。因此，转子用钢实际上是指主轴和叶轮用钢。

常见的汽轮机转子有套装式转子、整锻转子和焊接转子三种。套装是将叶轮用红套或其他方法套装在主轴上；整锻是叶轮和主轴在一个整体的锻件毛坯轴上加工出来；焊接转子是由几个鼓形轮和两个端轴焊接而成。因此，除了套装结构能将叶轮和轴分离开来外，其他两种结构中的主轴和叶轮实际上是无法分开的。中压以下的汽轮机一般采用套装式结构，即主轴加工成阶梯形，再把叶轮套装在主轴上。50MW 以上汽轮机的高、中压转子普遍采用整锻转子，即主轴、叶轮和其他主要部件均由一整体锻件加工而成，叶片直接装在转子的轮槽里。汽轮机低压转子有的采用焊接结构，它是由许多鼓形锻件与端轴焊接而成的。

汽轮机主轴、转子体、轮盘和叶轮均在复杂的应力作用下工作。蒸汽通过叶片、叶轮时在主轴上产生扭转力矩；转子高速旋转时，要承受由自重而产生的交变弯曲应力和大的离心力作用；旋转振动还会造成频率较高的附加交变应力；甩负荷或发电机短路会产生巨大的瞬时扭应力和冲击载荷；转子还要承受由温度梯度引起的热应力作用。高压转子在高温蒸汽下运行会引起蠕变损伤，而机组的启停或变负荷还会产生疲劳损伤。

转子的尺寸和质量是相当大的。国产 200MW 机组高压转子尺寸为 $\phi434mm \times 4377mm$、总质量为 6990kg，属整锻型。低压转子的尺寸和质量则更大。随着高温、高压、大容量机组的发展，转子的尺寸和质量将越来越大。

汽轮机工作时，转子不但要承受扭矩和自重引起的弯矩作用，还要承受叶片由于离心力作用施加绐它的切向和径向分力，以及蒸汽冲动引起的振动应力作用。加之蒸汽在做功时，各级间的温差很大，由此引起的热应力也很大。据资料介绍，仅由于叶片离心力的作用，叶片给叶轮轮缘部分的应力就可能高达 300MPa。

汽轮机转子的用钢要求：

（1）锻件冶金质量好，材料性能均匀，不应有裂纹、白点、缩孔、折叠、过度的偏析以及超过允许的夹杂和疏松。锻件材料性能的均匀性，可在锻件热处理后，通过测定硬度的方法进行检验。

（2）转子经最终热处理后，具有较低的残余应力，以免因局部应力增大或产生热变形而引起机组振动。对主轴和转子体锻件均应测定残余应力，其值不应大于相应锻件强度级别材料径向屈服强度下限值的8％。对于汽轮机轮盘和叶轮锻件，当直径大于600mm时，在最终热处理后应检查残余应力。

（3）锻件材料应具有足够高的强度、塑性和韧性等良好的综合力学性能。

（4）具有较高的蠕变极限、持久强度和长期组织稳定性，断裂韧性高、脆性转变温度低。

（5）材料具有良好的抗高温氧化和抗高温蒸汽腐蚀的能力。

转子用钢属中碳珠光体耐热钢。中碳是为了保证良好的综合性能；加Cr、Ni、Mn、B是为了提高钢的淬透性；加Cr、Mo、W、V、B能提高钢的高温机械性能；加W、Mo还有防止回火脆性的作用。应当指出，在转子用钢的成分中，除了严格控制S、P含量外，还要化验别的杂质元素并严格控制，如Sn、As、Sb、Cu、Al及H、O。

35（40、45）钢用于制造280MPa级的转子，工作温度在400℃以下。

40Cr钢具有良好的淬透性、较高的抗拉强度及疲劳强度。经调质处理后，具有良好的综合力学性能。切削加工性尚好、冷加工塑性中等，用于制造中压以下汽轮机叶轮及各种较重要的调质零件，如齿轮、轴、连杆、曲轴、紧固件等。

34CrMo钢具有良好的综合性能，在500℃时具有较高的热强性和良好的组织稳定性，且无热脆倾向，工艺性能也较好。但其淬透性不好，在500℃以上热强性显著下降，因此，多用它作工作温度在480℃以下的、功率较小的汽轮机转子材料。使用时，采用正火加回火或在860～880℃油淬加560～580℃回火处理。

35CrMoV钢是在34CrMo的基础上加入0.1％～0.2％的钒而构成的钢，因而其室温强度和高温强度均优于34CrMo钢，该钢的强度较高，淬透性亦较好。但强度偏高时，冲击韧性往往偏低，并不稳定，需严格控制化学成分和热处理制度，通常用于制造500～520℃以下的转子和叶轮。

34CrNi3Mo钢是在34CrMo钢的基础上加入3％的镍而构成的钢。它具有良好的综合性能，且工艺性、淬透性也好，属大截面高强度用钢，用于制造2.5万、5万、10万、20万kW汽轮机末级叶轮和低压转子，属于这类钢的钢种还有34CrNi1Mo、34CrNi2Mo钢，有时也用18CrMnMoB钢作代用钢。30Cr2MoV钢，有的厂家用27Cr2Mo1V钢，前者相当于德国钢号30CrMoVg；后者相当于前苏联钢号P2。它们较35CrMoV有较低的含碳量，它们因含铬量大、钢水黏度大、冶炼时夹杂物不易上浮，因而铸锭中非金属夹杂物容易超过控制标准，并造成锻造时裂纹多，而且淬透性也不够理想。这些致使它们制造转子的合格率较低。

目前，国外大型机组汽轮机高、中压转子用材大多采用 1Cr-1Mo-1/4V 钢，若纳入我国钢号则为 30Cr1MoV。这类钢与 30Cr2MoV 钢比较，含碳量略有上升（0.25%～0.36%），铬含量有所下降（1.00%～1.40%），锰、钼含量也相应上升。经评定，30Cr1MoV 钢综合机械性能和工艺性能均优于 30Cr2MoV 钢。

20Cr3MoWV 钢具有高的热强性、抗松弛性能和良好的淬透性。在 550～600℃ 长期载荷作用下，当原始状态 σ_s 为 750MPa 时，钢的稳定性及持久塑性较差；但当原始状态 σ_s 为 650MPa 时，则具有较高的稳定性及持久塑性。对转子进行解剖后发现，中心与边缘性能相差较大。该钢用于制造工作温度在 550℃ 以下的汽轮机转子、叶轮等大型锻件、汽轮机喷嘴组、套筒及阀杆。

17CrMo1V 钢相当于瑞士 St560TS。该钢碳含量及合金元素含量不高，虽然较上述转子用材强度较低，但其工艺性能良好。该钢是条件性可焊接钢，焊前要预热，焊后要立即进行高温回火处理。为防止焊接裂纹及焊接引起的脆性，要尽量减少钢中的硫、磷含量。因此，该钢长期用作 125MW 汽轮机低压焊接转子材料，后来又扩大使用范围，用作 300MW 低压转子材料。该钢在 950～970℃ 正火或 950～1000℃ 淬火＋高温回火后，具有良好的综合性能、较高的热强性和低的冷脆转变温度，以及良好的加工工艺性能。该钢在我国国内火电站使用已 20 多年，效果良好。

为适应更大型火电站发展的需要，我国研制了新钢号 25Cr2NiMoV。该钢与 17CrMo1V 钢比较，在强度、韧性、脆性转变温度等方面有一个大的突破，因此，从 1988 年开始，国内 300MW 汽轮机的低压焊接转子已采用 25Cr2NiMoV 钢，并推荐为火电站 600MW 汽轮机、强度要求为 650MPa 和 300～1200MW 汽轮机、强度要求为 550MPa 的焊接转子用钢。

目前，国外大型汽轮机组广泛采用的低压转子用钢为 3.5Ni-Cr-Mo-V 钢，若纳入我国钢号则为 30Cr2Ni4MoV。该钢加入了较多的 Cr 与 Ni，其强度高、冲击韧性好、FATT 值很低，且淬透性很好，还有较高的持久强度（$\sigma_{10^5}^{400℃} = 436MPa$）和蠕变极限（$\sigma_{1/10^5}^{400℃} = 390MPa$），因此，用于制造大功率汽轮机低压转子、主轴、中间轴及其他大锻件等。现已用于制造 300、600MW 机组低压转子和汽轮发电机转子。

18Cr2MnMoB 是不含镍且含铬较低的大锻件用钢。该钢的淬透性高，大截面上强度性能均匀，并有较好的锻造、焊接和切削加工等工艺性能。要求强度很高时，应将碳、铬和锰控制在上限。与相同强度等级钢相比，该钢使用合金元素少、成本低。一般用于制造工作温度在 450℃ 以下、轮毂厚度大于 300mm 的叶轮，以及直径大于 500mm 的汽轮机主轴和转子。

30Mn2MoB 是不含铬、镍元素的大锻件用钢，性能接近于 34CrMo1。该钢具有较高的淬透性，热加工工艺性能良好，用于制造工作温度 450℃ 以下的大截面、中强度零件，轮毂厚度为 300mm 以下、$\sigma_s = 600$MPa 的叶轮，以及截面为 500mm 左右、$\sigma_s = 500$MPa 的主轴等。

三、汽缸、隔板和喷嘴用钢

汽缸是汽轮机的外壳。它是汽轮机中重量大、形状复杂并且处在高温高压下工作的一个部件。汽缸内安装着喷嘴室、隔板和汽封等部件，它们构成了汽轮机的定子部分。汽轮机的转子就安装在定子里。汽缸外还连有进汽、排汽、回热抽汽等管道。

安装时，它要承受其内安装的各零部件重量引起的静压力和管道的安装拉力；运行时，要承受通过其内部的高温高压汽流的压力，汽缸内外壁及两端因温差产生的热应力，汽压差及蒸汽流出静叶时对汽缸、喷嘴、隔板的反作用力，以及各种管道在热态对汽缸的作用力。为了确保汽缸、隔板和喷嘴的正常服役，对其所用材料提出了要求。

一台汽轮机往往具有两个或三个汽缸，分别称为高压缸、中压缸和低压缸。各汽缸所处的温度和压力各不相同，因而对上述性能要求的具体指标不同，选用的材料也各不相同。应当指出，高压缸的工作特点是缸内所承受的压力和温度都很高，若按常规设计，汽缸壁必须很厚，而法兰的尺寸和螺栓的直径也要相应加大。这些，对于汽轮机的启动、停机、变换工况运行都是不利的。为此，在高压缸的高温部分采用了双层汽缸的结构，即汽缸由外缸和内缸组成。例如，在 20MW 的高压缸中，内缸中有 9 个压力级，内外缸之间有一夹层且与第 9 级后的蒸汽相通，这就是说，内缸承受的是调节级后与第 9 级后的蒸汽压力差，外缸承受的是第 9 级后与大气的压力差。这样，内外缸的壁厚都比单层结构的壁厚要小。

ZG15Cr1Mo 是大型汽轮机高中压内外缸材料，相当于美国的 ASTMA356Gr.6，ZG20CrMo、ZG22CrMo 是一种广泛应用的热强铸钢，用于制造工作温度在 482℃ 以下的锅炉、汽轮机铸件，如主汽阀、汽缸、隔板、锅炉阀壳等。

ZG15Cr1MoV 是一种综合性能较好的珠光体热强铸钢，可在 570℃ 以下长期使用，用于制造工作温度不超过 570℃ 的汽轮机汽缸、喷嘴室、锅炉阀壳等。

四、螺栓用钢

螺栓、螺母等紧固件在汽轮机、锅炉中广泛应用于汽缸、管道法兰、阀门等需要紧固连接的部件上。通过螺栓的紧固作用，使所连接的密封面紧密结合，以保证机组在运行中不漏气。螺栓在高温下长期工作时，会发生应力松弛、高温氧化、碳化物结构的变化。而且，碳化物往往首先沿晶界析出并不断长大，以致螺栓的破坏形式往往是脆断。因此，对高温螺栓用钢提出了下列要求。

1. 高的抗松弛性

抗松弛性是螺栓用钢的重要性能，螺栓的强度计算就是以抗松弛性作为主要强度特性。目前，螺栓设计寿命为 2 万 h，最小密封应力为 150MPa，初应力一般取 250～300MPa。要求螺栓在工作期（或一个大修期）内，其剩余应力不低于最小密封应力。抗松弛性好的材料在相同的初紧应力下，经过相同的运行时间，应力降低少，这样方能满足设计要求。

2. 高的屈服强度

为了初紧螺栓时不产生屈服，要求材料具有高的屈服强度。在机组启动时，法兰与螺栓的温差很大，法兰温度高于螺栓，而法兰的膨胀会产生附加应力。不正常启动时，上述温差达 60℃以上，若以 60℃温差来计算螺栓最大温度附加应力，可达 100MPa。为了保证螺栓的正常运行，最大应力不能超过材料的许用应力，因此，要求螺栓材料具有高的屈服强度。

3. 一定的持久强度和蠕变极限

当工作温度超过产生蠕变现象的温度（碳素钢为 300～350℃，合金钢为 350～400℃）时，要求螺栓材料具有一定的持久强度和蠕变极限。虽然直接决定螺栓初紧应力的强度特性指标是抗松弛性，但材料的抗松弛性与持久强度和蠕变极限有一定的关系，特别与蠕变极限关系密切。事实上可认为松弛是在某种应力下进行的蠕变。

4. 高的持久塑性和较小的持久缺口敏感性

以前，人们没有重视材料的持久塑性和持久缺口敏感性，而片面追求强度（σ_s、σ_z'）指标，使螺栓在运行中产生脆性断裂。分析发现，这种脆性断裂并不是钢的持久强度不够，而是由于持久塑性耗尽而突然发生的脆性断裂。关于持久塑性指标，目前尚无统一标准，一般认为，持久塑性 $\delta > 3\% \sim 5\%$ 能防止螺栓脆性断裂，因为当 $\delta \leqslant 3\%$ 时，钢的持久缺口敏感性显著增加。

缺口敏感性是指钢中存在应力集中的缺口时，材料抵抗裂纹扩展的能力。

螺栓的螺纹相当于缺口，在缺口处存在应力集中，特别是第一圈螺纹上的应力集中承担了全部应力的 34%～50%，所以螺栓的断裂通常在这里发生。当材料具有较小的缺口敏感性时，缺口处的应力得到重新分布，缓和了缺口尖端处的应力集中，使缺口处不易出现裂纹和导致断裂。

5. 一定的抗氧化性能

要求螺栓在工作温度下具有一定的抗氧化性能，是为了防止螺栓与螺母之间咬死。为避免咬死现象发生，螺母材料一般比螺栓材料低一级（硬度低20～50HB）。

6. 具有一定的组织稳定性

低合金 CrMV 螺栓钢具有一定的热脆倾向，长期运行后，材料硬度值应在要求范围内。对调速汽门螺栓和采用扭矩法装卸的螺栓，其 U 形缺口冲击韧性应大于 58.8J/cm^2；对采用加热伸长装卸或用油压拉伸器装卸的螺栓，其 U 形缺口冲击韧性应大于 29.4J/cm^2。

为了满足上述性能要求，螺栓用钢均采用中碳钢与中碳低合金耐热钢。当温度低于 425℃ 时，通常采用 35 号优质碳素钢。中压汽轮机一般采用 35CrMo、25Cr2MoV 钢。

35CrMo 钢强度较高、韧性好，有较好的淬透性，冷变形性中等，切削性能尚可；在高温下有高的蠕变强度和持久强度，长期使用组织比较稳定；焊接时需预热，预热温度为 150～400℃；用于制造最高使用温度低于 480℃ 的螺栓。

17CrMo1V 钢相当于 St560TS（瑞士），有较高的热强性，综合性能较好。该钢合金元素含量较高、工艺性能良好。该钢是条件性可焊接钢，焊前要预热，焊后要立即进行高温回火。为防止焊接裂纹及焊接引起的脆性，要尽量减少钢中的硫、磷含量。一般用于制造最高使用温度低于 520℃ 的螺栓。

25Cr2Mo1V 钢相当于 зи1723（前苏联），属中碳耐热钢。由于钢中含有较多的合金元素，因而具有较高的耐热性和高温强度、较好的抗松弛性能。该钢的冷、热加工性能良好，但对热处理较为敏感，有回火脆性倾向，长期运行后容易脆化，即硬度增高、韧性降低；持久塑性较差，缺口敏感性也较大；在蒸汽介质中耐蚀性差，需考虑表面保护。该钢多在调质或正火加温回火后使用，用于蒸汽温度为 550℃ 的高压机组，是目前国内广泛使用的紧固材料。

20Cr1Mo1VNbTiB（1 号螺栓钢）和 20Cr1Mo1VTiB（2 号螺栓钢）是我国自行研制的低合金高强度钢，用于 570℃ 高压等机组。这两种钢不但抗松弛性好、持久强度高，而且具有较高的持久塑性与很小的缺口敏感性。

在高温高压机组中，国外还采用 12％Cr 钢、奥氏体钢甚至镍基合金，如前苏联的 зи993 钢、美国的 C-422 钢等。

2Cr12WMoVNbB 钢相当于 зи993（前苏联），是 12％铬钢的改型钢种之一。由于钢中加入了 W、Mo、V、Ni、B 多种强化元素，因此热强性能较高、抗松弛性能较好，可长期在 590℃以下使用。

2Cr12NiMoWV 钢相当于美国 C-422、日本 SUH616（JIS），为强化的 12％Cr 型马氏体耐热不锈钢。与 1Cr12WMoV 钢相比，由于钢中 C、Mo 和 W 含量均有所增加，并加入了少量 Ni 元素，因此钢的热强性能得到提高；此外，钢的缺口敏感性小，并具有良好的减振性、抗松弛性能和工艺性能。一般用于制造最高使用温度低于 550℃的螺栓。

Refractaloy26（简称 R-26）合金为美国钢号，属于镍铬钴铁混合基沉淀硬化型高温合金，该合金具有高的持久强度和抗松弛性能。

第五章

「电站金属看谱分析图谱与标志」

本章主要阐述电站金属常见合金元素的定性和半定量分析，对电站金属光谱分析人员来说，分析材料所含的合金元素并进行定性和半定量分析，均有一定的工作条件。分析时按规定选用电弧光源，并确定好工作电流及电极距离等，然后观察并进行定性和半定量分析。

每一种合金元素的分析，都有规定的分析线及比较线。某一分析线的亮度与某一比较线的亮度经常采用下列符号来比较和分析对应的合金元素含量：

（1）分析合金元素的谱线亮度比比较线的亮度相等，以"＝"（等于）表示。

（2）分析合金元素的谱线亮度比比较线的亮度弱，以"＜"（小于）表示。

（3）分析合金元素的谱线亮度比比较线的亮度强，以"＞"（大于）表示。

（4）分析合金元素的谱线亮度比比较线的亮度稍强或稍弱，以"≥"或"≤"（大于或等于、小于或等于）表示。

（5）分析合金元素的谱线亮度比比较线的亮度强得多或弱得多，以"≫"或"≪"（大大于、小小于）表示。

第一节　铬、钼、钒的分析

一、铬的分析

测定铬元素的含量为 $0.05\% \sim 30\%$，是根据 4 组谱线进行的。

1. 铬（一）组（绿色区域）

在绿色区域先找到 3 条特征明显的铁线，两根亮度相等的线为铁线 $5227.2Å$ 和 $5232.9Å$，中间一根亮度较弱的为 $5229.9Å$。在这 3 条线的左边又有一组铁线组（Fe$5215.2Å \sim 5217.4Å$）。在其左边，间隔一小段空视野出现一排排列整齐的谱线，其左边 3 根依次为 Cr2、Cr3、Cr4，如图 5-1 所示。Cr2 线 $5204.44Å$ 和铁线 $5204.52Å$ 相重合，Cr3 线 $5206.04Å$、Cr4 线 $5208.44Å$ 和一条很弱的 Fe 线 $5204.58Å$ 相重合，所以在不含铬时，两条铁线也会出现，因此在进行定性分析时应特别注意。铬含量在 $0.05\% \sim 0.20\%$ 范围内时，可用铬（一）组进行比较。

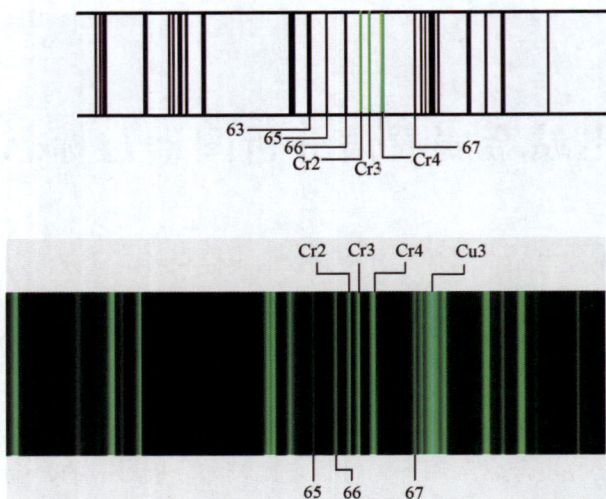

图 5-1 铬（一）组

2. 铬（二）组（黄绿色区域）

铬含量在 0.30%～0.70% 范围内时，用铬（二）组判定其含量。Cr5 线（5345.8Å）、Cr6 线（5348.32Å）比较容易找到。如图 5-2 所示，其右边有一组有 3 条亮度比较弱和一条亮度很高的线组成的铁线组（Fe5364.9Å～5371.5Å），其左边有两条很清晰的铁线（5339.9Å、5341.0Å），当不含铬元素的钢的光谱中 72、73 双线至 74 铁线组的中间时，几乎不出现明亮谱线的空视野；当钢中含钛元素时，在 Cr5、Cr6 线位置的右侧有钛线（Ti4）出现。

3. 铬（三）组（黄绿色区域）

Cr7 线在 74 号铁线组的右边。在 74 铁线组右边一排较密集的铁谱线中，最右边的 3 条等距离的铁线为 5405.8Å、5410.9Å、5415.2Å，在 76 的左边就是 Cr7 的位置。如图 5-3 所示。当铬含量为 0.70%～4.0% 时，采用铬（二）组和铬（三）组配合进行评定；当铬含量大于 4.0% 时，用铬（二）组和铬（四）组配合进行评定。

4. 铬（四）组（蓝绿色区域）

Cr1 线（4922.30Å）所在色区有一条特别明亮的铁线 35，在其左边隔开几条谱线有一对互相靠得较紧的明亮双线，即铁线 31（4919.00Å）、32（4920.51Å）。Cr1 线紧靠 31、32 双线的右边，如图 5-4 所示。当铬的含量低时，Cr1 线不出现，一般在铬含量超过 8% 时，才用它作为半定量分析线。

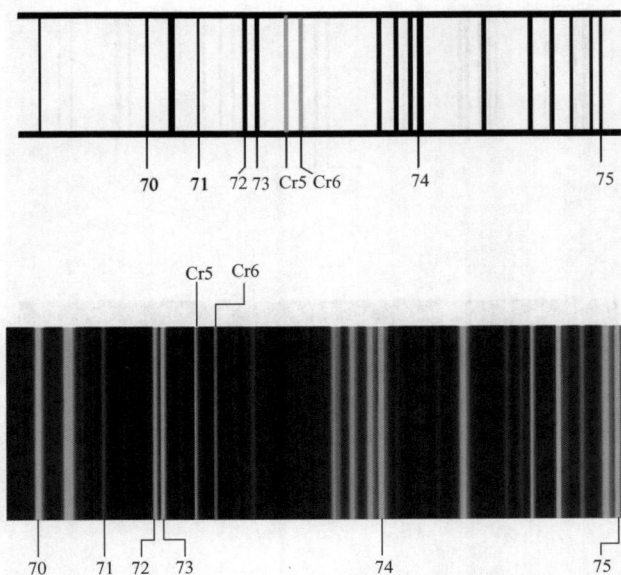

图 5-2　铬（二）组

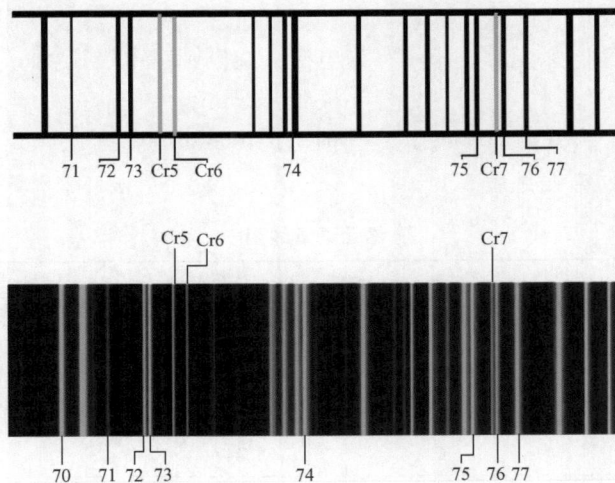

图 5-3　铬（三）组

对鉴别含铬合金钢，应着重掌握铬（二）组，如果含铬量低于 0.03%，Cr5 线不出现，即说明该钢中不存在有意加入的铬。为了提高其分析的准确性和防止出现误判定，除了应注意各组互相配合使用外；分析时，最好经常用已知含量的标准试样来进行对照。分析时要严格掌握其预燃时间，这是因为铬线

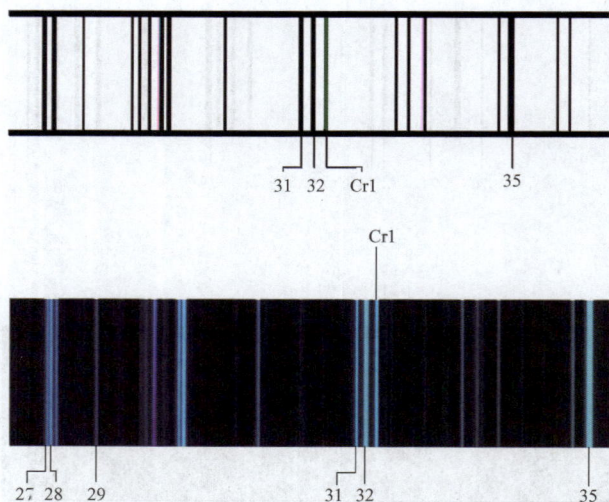

图 5-4 铬（四）组

强度在电弧燃烧前 10s 内不太稳定，所以必须在预燃一段时间后，再进行谱线强度的评定，进而进行半定量分析。

5. 分析条件

光源：交流电弧光源；　　　电极：纯铜圆盘电极；

电压：220V；　　　　　　　极距：2mm；

电流：3.5～5A；　　　　　　预燃：10～30s。

测定铬用的谱线见表 5-1。

表 5-1　　　　　　　　　　　　　铬元素谱线组

谱 线 组	铬线		铁比较线	
	符号	波长（Å）	符号	波长（Å）
Cr（一） （绿色区域）	Cr2	5204.44	65	5198.7
	Cr3	5206.04	66	5202.3
	Cr4	5208.44	67	5215.2
Cr（二） （黄绿色区域）	Cr5	5345.8	70	5324.5
	Cr6	5348.32	71	5333.3
			72	5339.9
			73	5341.0
			74	5371.5

续表

谱 线 组	铬线		铁比较线	
	符号	波长（Å）	符号	波长（Å）
Cr（三）（黄绿色区域）	Cr7	5409.79	75	5405.8
			76	5410.9
			77	5415.2
Cr（四）（蓝绿色区域）	Cr1	4922.30	31	4919.0
			32	4920.5

铬含量的半定量分析参照表 5-2 所列的分析标志进行。

表 5-2　　　　　　　　　铬含量半定量分析参照表

合金元素含量（%）	谱线强度的判定	合金元素含量（%）	谱线强度的判定	合金元素含量（%）	谱线强度的判定
0.05	Cr2＝65	1.0	Cr5＝72，Cr7＝76	7	Cr5＝75
0.10	Cr2＝67	1.5	Cr5＝76，Cr5＞72＞Cr6	10	Cr5＝74，Cr6＝70
0.15	66＞Cr2＞67	2.0	Cr5＝73	12.5	Cr6＝77
0.20	Cr2＝66	2.5	Cr6＝72，Cr7＝77	15	Cr1＝31，Cr6＝75
0.3	Cr5＝71	3	Cr6＝76	20	Cr5＞74，Cr6≤74
0.5	Cr5＞71＞Cr6	4	Cr5＝70，Cr6＝73，Cr7＝75	25	Cr6＝74
0.7	Cr6＝71	5	Cr5＝77	30	Cr1＝32

二、钼的分析

测定钼的含量在 $0.05\%\sim8\%$，可利用两组谱线进行分析。

1. 钼（一）组（黄绿色区域）

在 Cr7 位置后，往右移可看到有 3 条等距的铁线 87、88、89，其中 89 亮度较弱。在紧靠 87 铁线的右边一条是 Mo4（5570.50Å）。在此三线组的左边隔一段距离有一匀称的三线组，即 83、84、Mo2（5506.5Å）。Mo3 线（5533.05Å）在以上两对三线组的中间偏左一些。如图 5-5 所示，当试件不含钼时，Mo4 线不出现。当评定含钼量较高时，Mo4 线受附近一条强烈的铁谱线 5569.6Å 的影响，因此只能依据 Mo3（5533.05Å）线来进行判定，而 Mo2 线受铁线（5506.8Å）干扰较大。

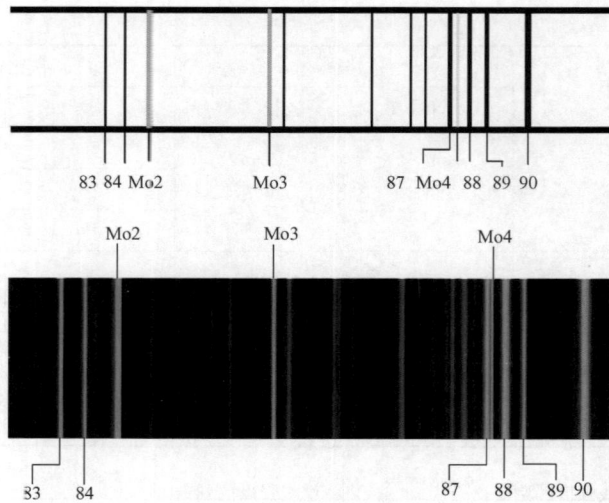

图 5-5　钼（一）组

2. 钼（二）组（橙红色区域）

Mo5（6030.66Å）在 Mn9、Mn10、Mn11 的右边，如图 5-6 所示。

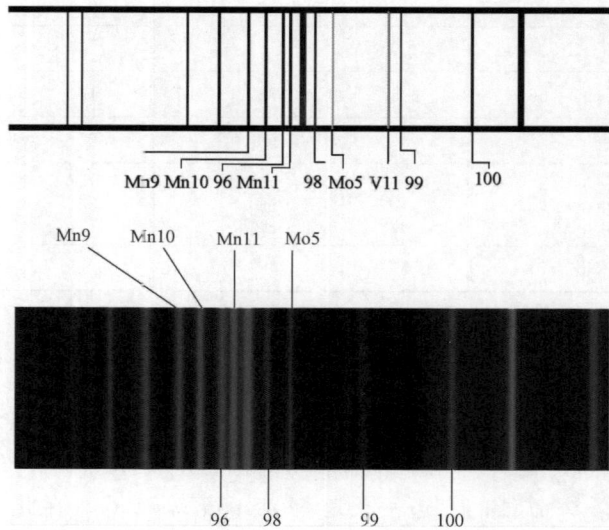

图 5-6　钼（二）组

　　在分析钼时，主要采用 Mo3、Mo4 作为定性和半定量分析谱线。同时也要掌握该元素的激发过程特性，即在燃烧过程中，谱线有周期性的闪跃现象，以过预燃时间后，采取闪跃的瞬间与铁线相比较，才能评定出正确的结果。

3. 分析条件

光源：交流电弧光源；　　　　　电极：纯铜圆盘电极；

电压：220V；　　　　　　　　　极距：2mm；

电流：5A；　　　　　　　　　　预燃：40s。

测定钼用的钼元素谱线组见表5-3。

表 5-3　　　　　　　　　　钼 元 素 谱 线 组

谱　线　组	钼线		铁比较线	
	符号	波长（Å）	符号	波长（Å）
Mo（一） （黄绿色区域）	Mo2	5506.5	83	5497.5
	Mo3	5533.05	84	5501.5
	Mo4	5570.50	87	5569.6
			88	5572.9
			89	5576.1
			90	5586.8
Mo（二） （橙红色区域）	Mo5	6030.66	98	6027.1
			99	6056.0
			100	6065.5

钼含量的半定量分析参照表5-4所列的分析标志进行。

表 5-4　　　　　　　　　钼含量半定量分析参照表

合金元素含量（%）	谱线强度的判定	合金元素含量（%）	谱线强度的判定	合金元素含量（%）	谱线强度的判定
0.05	Mo3＝89	0.50	Mo4＝84	8	Mo3＝90
0.10	Mo3＝84	0.6	Mo3＝87,Mo4＝83	0.15	Mo5＝98
0.20	Mo3＝83	0.8	Mo4＝87	0.15～0.30	99≥Mo5＞98
0.30	Mo≫84	1.5	Mo3＝88	0.30～1.0	100≥Mo5＞99
0.40	Mo4＝89	3	Mo4＝88	2	Mo5＞100

三、钒的分析

评定钒的含量可根据3组谱线进行。

1. 钒（一）组（紫色区域）

钒在紫色区中出现7条谱线。如图5-7所示，该色区有3条很明亮的铁线，从左至右第一根亮铁线到第二根亮铁线的距离，是第二根亮铁线到第三根亮铁线距离的2倍。在第一根亮铁线的左边，有一根明晰的铁线，即为1号铁线。在铁线1号与第一根亮铁线的中间偏左，即为V1（4379.24Å）。在第一根亮铁线的右边依此出现V2（4384.7Å）、V3（4389.97Å）、V4（4395.23Å）

和 V5（4400.6Å）4 条钒线。在第二根亮铁线的右侧，与第三根亮铁线的中间有 V6（4406.7Å）和 V7（4407.6Å）。当试样中不含钒时，V1、V2、V4 的位置都不出现谱线。而 V3 受铁线 4389.2Å、V5 受铁线 4404.0Å、V7 受铁线 4407.6Å 的干扰，当不含钒时，这些位置都出现较弱的谱线；当钼的含量相当高时，在 V1 的右边将出现 Mo1（4381.7Å）线。

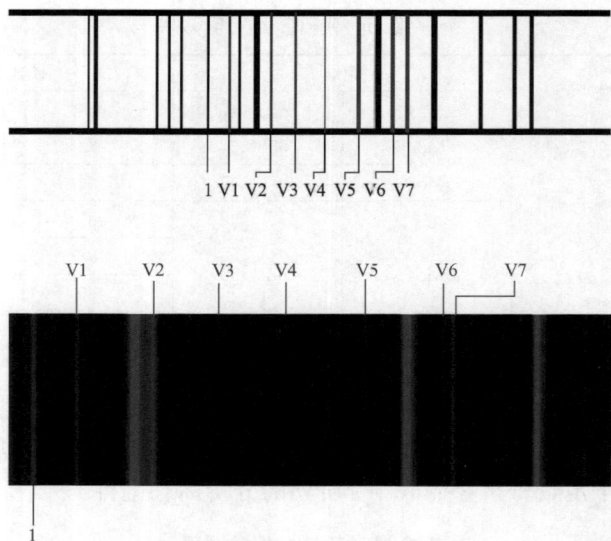

图 5-7　钒（一）组

2. 钒（二）组（蓝色区域）

V8 线（4875.48Å）位于双铁线 27、28 的右边，铁线 29 的左边，此区域比紫色区域的钒线易于观测，如图 5-8 所示。

3. 钒（三）组（橙红色区域）

V11 线（6039.7Å）在 Mn9、Mn10 和 Mn11 锰线组的右边，有一个比较大的间隔，第一根铁线的左边出现的谱线便是 V11 线。当金属含有钼时，在 V11 线左边一段距离，紧靠 Mn9、Mn10 和 Mn11 锰线组的后边出现一条 Mo5 线，如图 5-9 所示。

分析钒含量时，要严格掌握其预燃时间。因为在预燃初期，有时由于试样氧化皮的影响，使其谱线强度增加；燃烧时间过长，则谱线强度减弱。所以，预燃时间要控制在 20～30s 进行比较，才能得出正确的结果。钒含量在 0.6% 以下时，一般采用钒（一）组或钒（三）组进行分析；钒含量在 0.6% 以上时，可用钒（二）组进行分析。

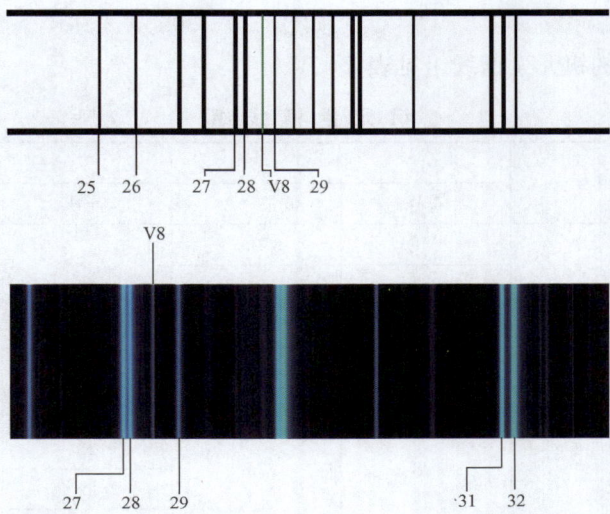

图 5-8　钒（二）组

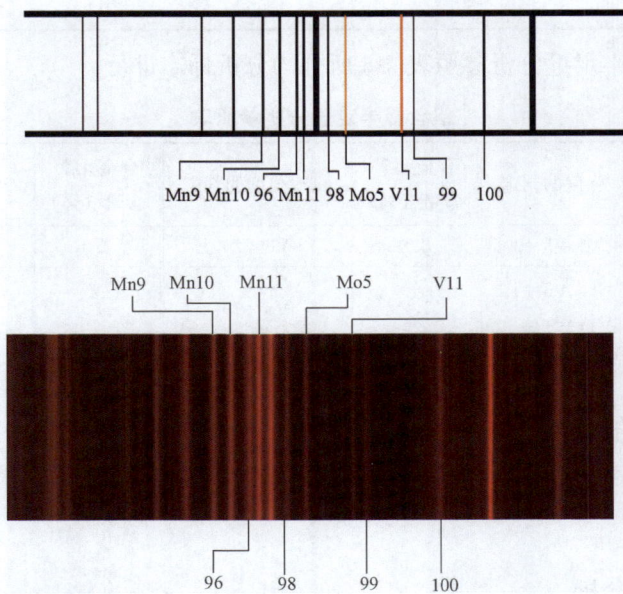

图 5-9　钒（三）组

4. 分析条件

光源：交流电弧光源；　　　　　　　电极：纯铜圆盘电极；

电压：220V；　　　　　　　　极距：2mm；

电流：5A；　　　　　　　　　预燃：20～30s。

测定钒用的钒元素谱线组见表5-5。

表5-5　　　　　　　　　　　钒 元 素 谱 线 组

谱 线 组	钒线		铁比较线	
	符号	波长（Å）	符号	波长（Å）
V（一） （紫色区域）	V1	4379.24	1	4375.9
	V2	4384.7		
	V3	4389.97		
	V4	4395.23		
V（二） （蓝色区域）	V8	4875.5	27	4871.3
			28	4872.1
			29	4878.2
			30	4891.5
V（三） （橙红色区域）	V11	6039.7	99	6056.00
			100	6065.49

钒含量的半定量分析参照表5-6所列的分析标志进行。

表5-6　　　　　　　　　　钒含量半定量分析参照表

合金元素含量（%）	谱线强度的判定	合金元素含量（%）	谱线强度的判定	合金元素含量（%）	谱线强度的判定
0.15	V1＝1	0.8	V8≤29	2.0	V8＝28
0.30	V2＝1，V3＝1，V11＝99	1.2	V8＝29	2.5	V8＝27
0.50	V4＝1	1.5	V8≤28	5.5	V8＝30
0.6	V11＝100				

第二节　钨、镍、钛、锰的分析

一、钨的分析

测定钨的含量为0.65%～25%，可以根据两组谱线进行。

1. 钨（一）组（绿色区域）

W2（5053.30Å）和 W3（5054.61Å）位于 Ni3 线的右边，如图 5-10 所

示。采用铜固定电极，该区域出现明亮的双铁线 43、44 和 45、46，45、46 和 W2、W3 组成一组排列整齐的谱线组，W2 的亮度大于 W3。根据 W2、W3 谱线的出现与否，可以判定钢样中是否含有合金元素钨。

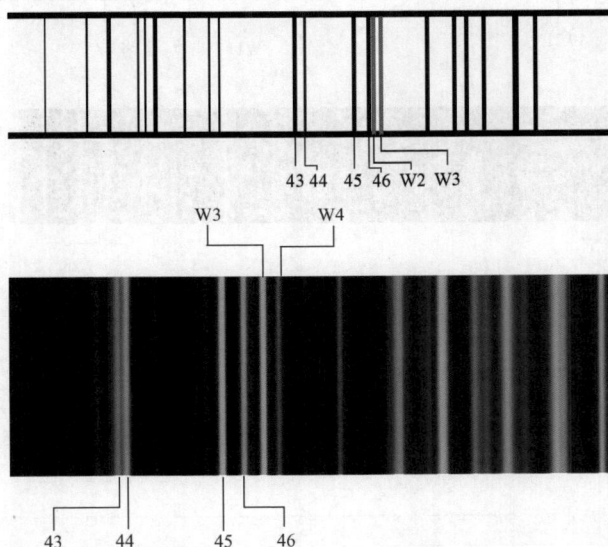

图 5-10 钨（一）组

2. 钨（二）组（蓝色区域）

W1（4843.83Å）到铁线 26 的距离与铁线 26 到 29 的距离几乎相等，即以铁线 26 为中心，根据 26 到 29 的距离从右至左就可以找到 W1 的位置，如图 5-11 所示。当钢样中不含钨时，该位置没有谱线存在，且附近没有较亮的谱线存在。

钨含量在 1.00％～20.00％ 时，可用钨（一）组进行分析；钨含量在 0.50％～2.00％ 时，可用钨（二）组进行分析；在钢中含有大量的铬时，将会大大地改变光谱图形的形状。因为铬线比较多，所以在寻找谱线时要特别注意不要混淆。一般情况下，用钨（一）组进行评定较好。

3. 分析条件

光源：交流电弧光源；　　　　　电极：纯铜圆盘电极；

电压：220V；　　　　　　　　　极距：2mm；

电流：5A；　　　　　　　　　　预燃：40s。

测定钨用的钨元素谱线组见表 5-7。

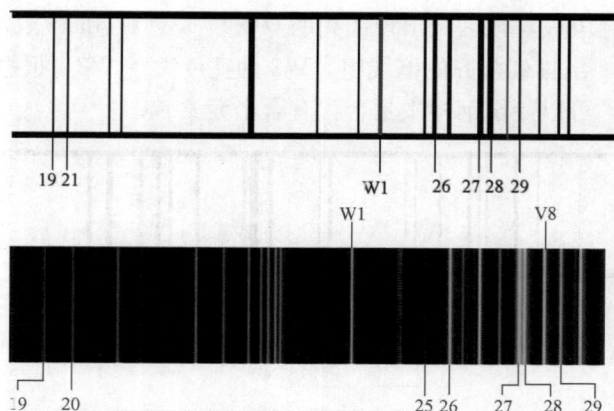

图 5-11　钨（二）组

表 5-7　　　　　　　　　　　　钨 元 素 谱 线 组

谱　线　组	钨线		铁比较线	
	符号	波长（Å）	符号	波长（Å）
W（一） （绿色区域）	W2	5053.30	42	5039.3
			43	5041.1
	W3	5054.61	45	5049.8
			46	5051.6
W（二） （蓝色区域）	W1	4843.83	19	4786.8
			21	4789.7
			26	4859.8

钨含量的半定量分析参照表 5-8 所列的分析标志进行。

表 5-8　　　　　　　　　　钨元素半定量分析参照表

合金元素 含量（%）	谱线强度的判定	合金元素 含量（%）	谱线强度的判定	合金元素 含量（%）	谱线强度的判定
0.65	W2=42	3	W2=46	13	W3=46
1.0	W1=19	4.5	W1=26	18	W2≫45，W3≫46
1.5	W2=43	6.5	W2=45	25	W3=45
2.5	W1=21	9	W2≥45，W3<46		

二、镍的分析

1. 镍（一）组（蓝色区域）

Ni1（4714.42Å）和铁线 4714.07Å 相重合，如图 5-12 所示。所以，镍含量低于 0.50% 时，镍线 4714.42Å 闪跃不够明显。

2. 镍（二）组（绿色区域）

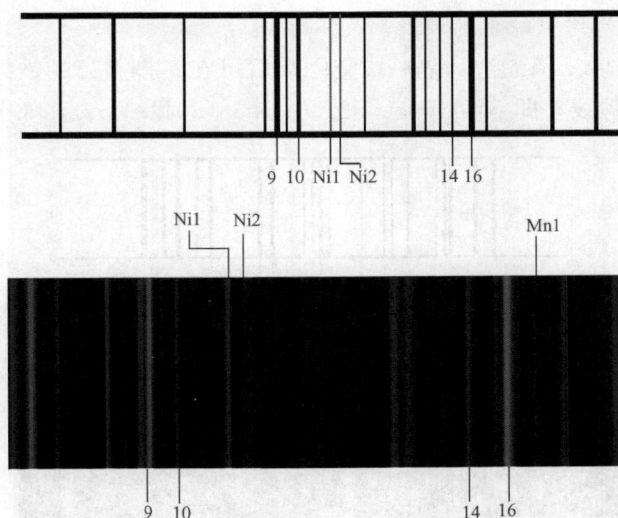

图 5-12　镍（一）组

Ni3（5035.40Å）线位于双铁线 43、44 的左边，如图 5-13 所示。测定镍的含量为 0.5%～15% 时，采用 Ni3 线；当 Ni 含量≤0.2% 时，Ni3 不出现；当 Ni 含量在 0.2%＜Ni≤0.5% 时，Ni3 隐约出现，可以仔细观察到。利用 Ni3 进行比较时应当注意，紧靠 Ni3 的右边有两条钛的谱线 5035.9Å 和 5036.5Å，并且当 Ti≥0.3% 时影响镍的判定。

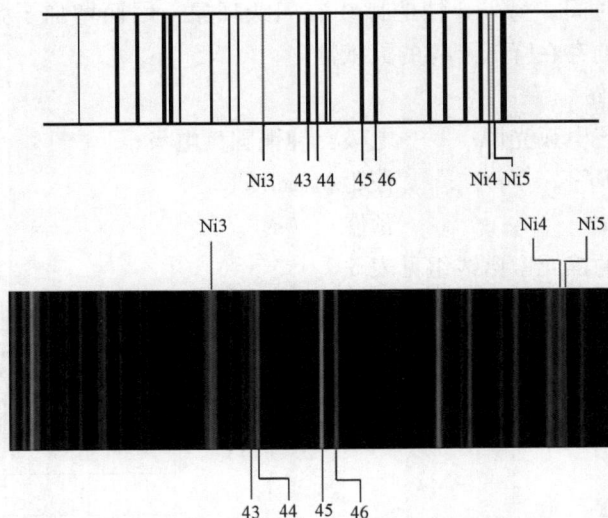

图 5-13　镍（二）组

3. 镍（三）组（绿色区域）

在双铁线 45、46 右边，隔一段空距离后可在一排整齐的铁线中发现两条靠得很紧密的镍线，即 Ni4（5080.52Å）、Ni5（5081.11Å），如图 5-14 所示。

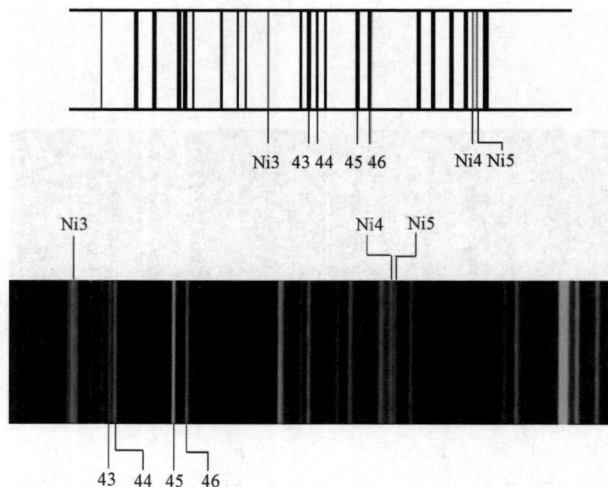

图 5-14　镍（三）组

镍的谱线在可见光谱区域无适当的灵敏线，并且谱线的强度随含量变化也不够显著，但随着激发条件的改变镍线强度变化显著。所以评定镍时，必须正确地保持预燃时间。另外，镍的谱线有闪跃现象，因而增加了强度评定的困难。同时，铬的存在降低了镍的灵敏性。

4. 分析条件

光源：交流电弧光源；　　　电极：纯铜圆盘电极；

电压：220V；　　　　　　　极距：2mm；

电流：5A；　　　　　　　　预燃：40s。

测定镍用的镍元素谱线组见表 5-9。

表 5-9　　　　　　　　　　镍 元 素 谱 线 组

谱线组	镍　　线		铁比较线	
	符号	波长（Å）	符号	波长（Å）
Ni（一） （蓝色区域）	Ni1	4714.42	9	4707.3
			10	4710.3
			14	4733.6

续表

谱线组	镍　　线		铁比较线	
	符号	波长（Å）	符号	波长（Å）
Ni（二） （绿色区域）	Ni3	5035.40	* 42	5039.3
			43	5041.1
			44	5041.8
			45	5049.8
Ni（三） （绿色区域）	Ni4	5080.52	Fe	5079.2
	Ni5	5081.11	Fe	5079.8

*　仅作参考。

镍含量的半定量分析参照表 5-10 所列的分析标志进行。

表 5-10　　　　　　　　　　镍含量半定量分析参照表

合金元素含量（%）	谱线强度的判定	合金元素含量（%）	谱线强度的判定
0.5	Ni3 亮度较弱	15	Ni3＝45
1.0	Ni1＝14	1.5	Ni4 亮度较弱
1.7	Ni1＝10	3	Ni4＜Fe5079.2
3	Ni3＝43	10	Ni4＝Fe5079.2
5	Ni1＝9	15～20	Ni4＞Fe5079.2
9	Ni3＝44		

三、钛的分析

Ti2（4981.7Å）、Ti3（4991.1Å）和 Ti3（4999.51Å）谱线位于绿色区域。该区域有一明亮的铁线35，在 35 的右边，有一组较密并排列整齐的谱线组，即 37 号铁线组；在该组的左边就是 Ti2 的位置，而右边有几根较亮的铁线；在 39 号铁线强度的左边就是 Ti3 线，与铁线 4991.3 Å 重叠；在 40 号铁线的左边就是 Ti4 线，如图 5-15 所示。Ti3 线和 Ti4 线随着钛含量的改变有着明显的改变。

目前，钛的分析只能分析较低含量。当 Ti≥0.3% 时，分析标志误差较大，只能作参考。分析时，应注意预燃时间，一般在电弧燃烧 1min 后再进行评定。同时，钛线有时还有闪跃和消失现象，分析时应注意此现象。

分析条件：

光源：交流电弧光源；　　　　电极：纯铜圆盘电极；

电压：220V；　　　　　　　　极距：2mm；

电流：5A；　　　　　　　　　预燃：60s。

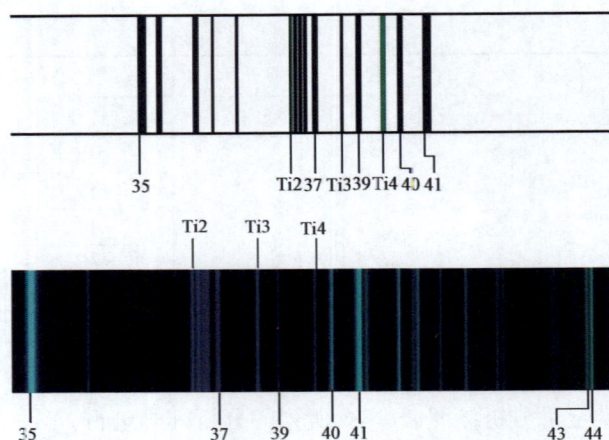

图 5-15　钛的谱线

测定钛用的钛元素谱线组见表 5-11。

表 5-11　　　　　　　　　　钛 元 素 谱 线 组

谱线组	钛　　线		铁比较线	
	符号	波长（Å）	符号	波长（Å）
Ti（二） （绿色区域）	Ti2	4981.7	37	4985.5
			39	4994.1
			40	5001.9
	Ti3	4991.1	41	5006.1
	Ti4	4999.51	45	5049.8

钛含量的半定量分析参照表 5-12 所列的分析标志进行。

表 5-12　　　　　　　　　　钛含量半定量分析参照表

合金元素含量（%）	谱线强度的判定	合金元素含量（%）	谱线强度的判定
隐约出现	Ti3＜39	0.8	Ti4＝44
0.05	Ti3＝39	1.2	* Ti5＝89
0.1	Ti4＝37	1.4	* Ti5＝84
0.3	Ti4＝39	1.7	* Ti5＝83
0.4	Ti4＝41	3.5	* Ti5＝90
0.5	Ti4＝45		

*　仅作参考。

四、锰的分析

评定锰的含量为 $0.15\%\sim12\%$，可以用两组谱线。一般在铁的固定电极中锰的含量总是大于或等于 0.2% 的，因此要选择不含锰的固定电极，即采用铜作固定电极时才能测定低含量的锰。

1. 锰（一）组（蓝色区域）

蓝色区域锰的谱线主要有 Mn1（4739.11Å）、Mn2（4754.04Å）、Mn3（4761.53Å）、Mn4（4762.40Å）、Mn5（4765.90Å）、Mn6（4766.43Å）、Mn7（4783.35Å）。由于 Mn1～Mn7 锰线在蓝色区域明亮度较低，附近谱线又比较密集，因此较难辨认。可用高锰或锰铁起弧观察，其谱线分布情况如图 5-16 所示。

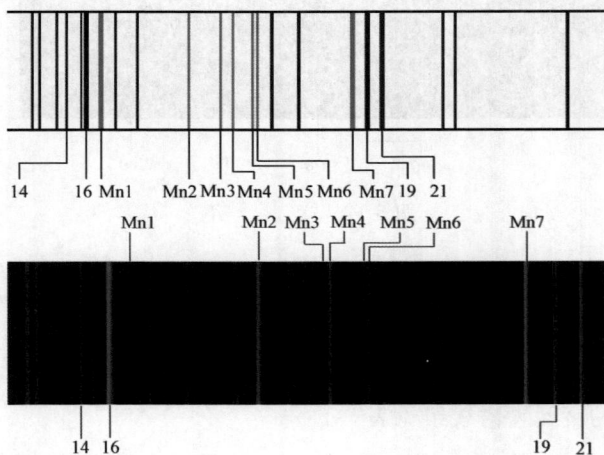

图 5-16　锰（一）组

2. 锰（二）组（橙红色区域）

Mn9（6013.50Å）、Mn10（6016.64Å）和 Mn11（6021.80Å）3 条谱线分布在橙红色区域的一组排列紧密的谱线之间，在其左边有 3 条比较亮的等距离铁线（左边一条较弱）可作为一个特征，如图 5-17 所示。

在钢中，含有大量的铬和钨时，由于出现了较多的铬和钨的附属线，致使整个谱线图形大大地改变。所以，必须注意各个谱线的位置，以免混淆。另外，含铬量较高时，锰（一）组中的铁线 4789.7Å 与一条铬线 4789.4Å 相重合，这样，锰含量小于或等于 0.3% 时就不能用锰（一）组进行强度的评定；当铬含量大于 3.0% 时，采用锰（二）组进行评定。锰含量较高时，最好采用锰（二）组进行分析。

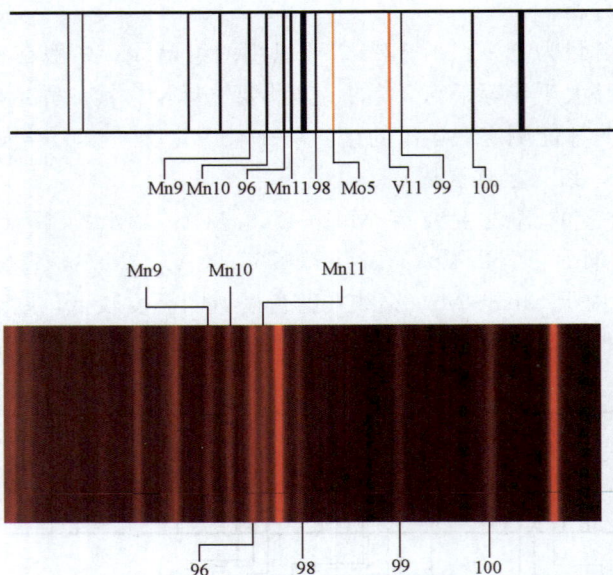

Mn9　Mn10　　　Mn11

96　　　98　　　99　　　100

图 5-17　锰（二）组

3. 分析条件

光源：交流电弧光源；　　　电极：纯铜圆盘电极；

电压：220V；　　　　　　极距：2mm；

电流：5A；　　　　　　　预燃：17～30s。

测定锰用的锰元素谱线组见表 5-13。

表 5-13　　　　　　　　　　锰 元 素 谱 线 组

谱线组	锰　　　线		铁比较线	
	符号	波长（Å）	符号	波长（Å）
Mn（一）（蓝色区域）	Mn1	4739.11	9	4707.3
	Mn2	4754.04	16	4736.8
	Mn4	4762.40	19	4786.8
	Mn6	4766.43	21	4789.7
	Mn7	4783.55		
Mn（二）（橙红色区域）	Mn9	6013.50	96	6020.2
	Mn10	6016.64	98	6027.1
	Mn11	6021.80		

锰含量的半定量分析参照表 5-14 所列的分析标志进行。

表 5-14　　　　　　　　　　　锰含量半定量分析参照表

合金元素含量（%）	谱线强度的判定	合金元素含量（%）	谱线强度的判定
0.15	Mn7＝19	1.3	Mn2＝16，Mn11＝96
0.30	Mn7≤21，Mn10＝98	2	Mn4＝16
0.4	Mn4≤21，Mn7＞21	4	Mn1＝21
0.5	Mn4＝21	5	Mn1＝9
0.6	9≥Mn4＞21	10	Mn1≤16
0.7	Mn4＝9	12	Mn1＝16
1.0	Mn6＝21		

五、铌的分析

依据 Nb4672.1Å 和 4675.37Å，用铁固定电极可以进行 Nb 的测定。Nb 线 4675.37Å 与 Ti 线 4675.12Å 相重合。Nb 线 4672.1Å 与 Mn 线 4671.69Å 相重合，如图 5-18 所示。如果在钢样中 Ti＞0.2%、Mn＞1%，那么上述这一组就不能进行 Nb 的测定。

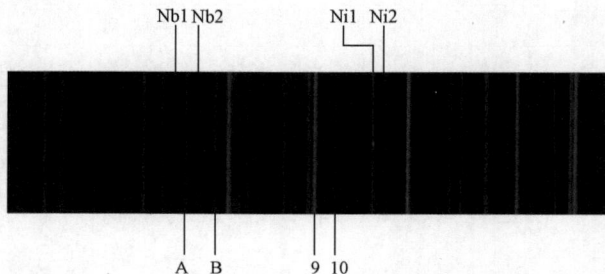

图 5-18　铌元素谱线（蓝色区域）

另外，位于绿色区域在两条铬线 5348.3Å 和 5345.8Å 旁边也有一条 5344.2Å 的 Nb 线，也能发现，但灵敏度较低，如图 5-19 所示。表 5-15、5-16 分别给出了测定 Nb 用的谱线和分析标志。

测定铌用的铌元素谱线组见表 5-15。

表 5-15　　　　　　　　　　铌 元 素 谱 线 组

谱线组	Nb 线		铁比较线	
	符号	波长（Å）	符号	波长（Å）
Nb（一）	Nb1	4672.1	A	4673.17
	Nb2	4675.37	B	4678.85

铌含量的半定量分析参照表 5-16 所列的分析标志进行。

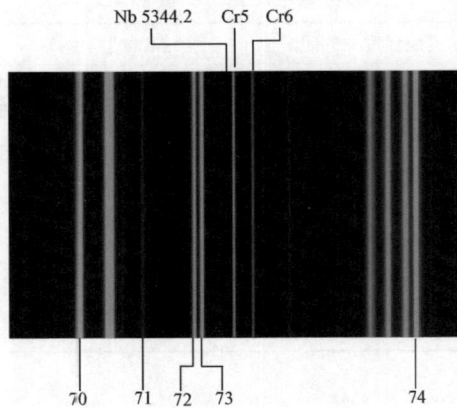

图 5-19　铌元素谱线（绿色区域）

表 5-16　　　　　　　　　铌含量半定量分析参照表

谱线组	Nb（%）	谱线强度的评定
Nb（一）	0.1～0.5	Nb1＝Nb2≤A
	0.6～1.0	Nb1＝Nb2＞A；Nb1＝Nb2≤B
	≥1.5	Nb1＝Nb2＞B

第三节　铜、硅的分析

一、铜的测定

铜的看谱测定，应采用纯铁电极作为固定电极，这是因为在铁电极中一般都含有 0.10%～0.15% 的铜。

铜的谱线在绿色区域，如图 5-20 所示。熟悉 Cr2、Cr3、Cr4 的位置时，很容易找到 5218.2Å、5105.5Å 在双铁线 48、49 的左侧。Cu2（5153.2Å）在一排比较密集的铁线 55、56 的右侧。铜的强度不稳定，评定时要在预燃稳定后进行。

分析条件：

光源：交流电弧光源；　　　电极：纯铁圆盘电极；

电压：220V；　　　　　　极距：2mm；

电流：5A；　　　　　　　预燃：40s。

除了上述铜线外，在 Cu3 与 Cu5、Cu6 之间还有一条铜线 Cu5292.5Å，

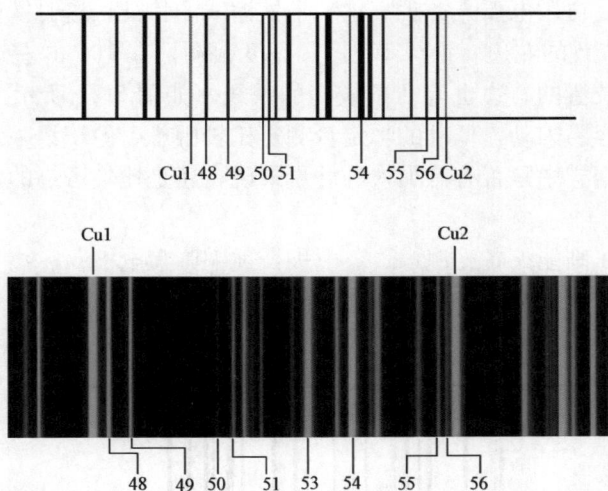

图 5-20　铜的谱线

该铜线亮度并不稳定，评定时应依据总的印象来判定，铜的半定量分析一般用 Cu1 线。

铜含量的半定量分析参照表 15-17 所列的分析标志进行。

表 5-17　　　　　　　　　　铜含量半定量分析参照表

合金元素含量（%）	谱线强度的判定	合金元素含量（%）	谱线强度的判定
0.4	Cu1＝50	0.5	Cu1＝48
0.12	Cu1＝52	1.7	Cu1＝53
0.2	Cu1＝51	3	Cu1＝54
0.35	Cu1＝49		

二、硅的测定

硅是看谱分析比较难测的元素。在可见光谱中，硅的电弧线仅有 Si3905.5Å 一条。它位于紫色区边缘，该区域的人眼敏感性很低。分析硅时，试样应放在圆盘电极的切点后部，使弧焰外露。

在红色区有两条硅的火花线 Si1（6347.0Å）和 Si2（6371.1Å）。它们只有用低压火花线或主火花激发才能观测。分析时，最好采用铜电极，因为这时可减少红色区的背景，提高测定的灵敏度。为了正确辨认硅的谱线，可以先用交流电弧发生器的低压火花条件，观察含硅量高的硅铁，这样在红色区能找到呈闪耀现象的两条明亮的硅线 Si1 和 Si2。但这时硅线附近的铁谱线较暗，不易辨认。为此，再用电弧光源观察这一带铁谱线的特征，这时铁谱线已非常清晰了。在 Si1 位置的左边有铁线 105，其亮度很弱，在 105 的左边有几条较亮的铁线。这一位置的右边也有几条较亮的铁线，如图 5-21 所示。采用火花电源工作，光谱容易闪动，低硅的半定量测定比较困难，但积累一定的工作经验以后对于鉴别钢样中是否有意加入的硅量来说，还是比较可靠的。

分析条件：

光源：低压高能火花光源；　　　电极：纯铜圆盘电极；

电压：220V；　　　　　　　　　极距：2.5mm；

电流：13A；　　　　　　　　　　预燃：10s。

101　　103 105 Si1　　Si2 108

图 5-21　硅的谱线

硅含量的半定量分析参照表 5-18 所列的分析标志进行。

表 5-18　　　　　　　　　　　　硅含量半定量分析参照表

合金元素含量（%）	谱线强度的判定	合金元素含量（%）	谱线强度的判定
0.5	Si1＝105	3	Si2＝108
1	Si1＝101	5	Si1＝108

第六章

电站金属常见钢号的验证

看谱分析能快速确定钢中所含合金元素，并对其进行半定量分析，从而达到验证钢号的目的，是目前火力发电站在安装、检修和制作过程中严格把好金属质量关、确保火力发电站金属监督范围内各类管道和部件及焊接接头安全运行的重要手段之一，在电站金属监督及电力建设安装施工现场应用比较广泛。但也由于其对合金元素含量判定的准确度易受人为等其他因素的影响，因此容易产生分析误差，不能正确的验证钢号。

第一节 电站金属看谱分析的范围

一、电站金属看谱分析的范围

光谱分析人员应按 DL/T 931—2005《电力行业理化检验人员资格考核规则》相关条款的规定，取得电力行业理化检验人员资格考核委员会颁发的光谱分析资格证，从事与该等级相应的分析工作，并承担相应的技术责任。

从事电力设备金属监督及电力建设安装施工的光谱分析人员，必须了解看谱分析的范围，熟知有关导则、规程及规定，如《电力设备金属光谱分析导则》（DL/T 991—2006）、《火力发电厂金属技术监督规程》（DL/T 438—2009）、《火力发电厂焊接技术规程》（DL/T 869—2004）及其他技术规范。也就是说，光谱分析人员对从事看谱分析的依据、对象及范围应有最基本的认识，如在 DL/T 438—2009 中规定：

（1）凡受检范围的钢材部件，在制造、安装或检修更改时，必须验证其钢号，防止错用，组装后应进行一次全面复查，确认无误后才能投入运行。

（2）焊条、焊丝应有制造厂质量合格证，并按相应的标准，按批号抽样检查，合格者方可使用。

光谱分析人员接到光谱分析委托后，应对受检的金属材料、备品或备件的合格证和质量保证书上标明的钢号、化学成分、机械性能及必要的金相检验结果和热处理工艺等有所了解，并按其进行验证，同时也要确定委托的试件钢号是否与其一致，然后才能进行看谱分析。光谱分析人员利用看谱镜进行定性、半定量分析，判定出试件中含有哪些合金元素，得出含量近似值，并确定分析的钢中所含合金元素和设备技术资料提供的钢号中的合金元素是否一致，最后根据试件的使用部位、使用要求等条件进行钢号验证。

对电站金属进行看谱分析时应要注意几种情况：①定型的试件其钢号范围比较固定，如紧固件螺栓、螺母等，其含碳量一般都在 0.25％ 左右，比钢管高，合金元素也比较固定，根据使用部位、等级不同就容易验证钢号；②合金元素单一，含量也十分明确，但其碳含量的变化范围较大，如汽轮机等设备上用的 Cr13 钢，因含碳量不同而使钢号差别较大，如 0Cr13、1Cr13、2Cr13、3Cr13、4Cr13，因而光谱分析人员判出合金元素含量后，同时向委托人员指出不能正确验证钢号的原因；③不知确切钢号的试件，如某一合金钢管，看谱分析时只能对所含合金元素的种类进行定性分析和粗略估计其含量，不可能通过看谱分析来确定钢号。所以，看谱分析必须是在提供确切的钢号后，借助看谱镜分析其合金元素含量（定性和半定量），从而验证钢号是否正确。因此，任何把看谱分析当成精确确定所分析的合金元素含量和确定钢号的想法都是不正确的。

对任何电力设备的金属材料，在无合格证、质量保证书等技术资料的情况下，简单地通过看谱分析，并做一些常规的常温机械性能试验或测布氏硬度值来确定其钢号都是不可能的。因此，光谱分析人员必须根据委托单位提供的技术资料、技术条件等来进行钢号的验证。

二、电站金属常见钢号的看谱分析

从事电站金属监督的光谱分析人员一般是利用看谱镜进行钢号验证的。光谱分析人员首先要熟悉各种合金元素分析线（特征谱线）和比较线的位置，并在谱线范围内所分析的合金元素中，有哪些合金元素对其含量是能进行半定量的，有哪些合金元素只能粗略定量，含量达到多少可以精确些，多少含量以上只能粗略估计；再通过使用看谱镜分析和用标钢对比验证。对只能定性不会半定量的光谱人员来说是不能正确验证钢号的，如某一 CrMo 钢，必须知道其近似含量才能使用，但属于由于 CrMo 钢的钢号有 15CrMo、10CrMo910 等，其热处理工艺、焊接工艺、使用部位及性能差别均很大，因此必须与试件提供的技术资料来验证钢号。

另外，光谱分析人员必须熟悉分析的对象，由于看谱分析结果是通过目视观察分析比较，受主观因素影响较大，尤其当客观条件发生变化时，如分析仪器、电弧稳定性、激发状态、试件外形等，都会影响到对合金元素的分析结果，因而必须掌握所分析试件的特性，才能避免较大的分析误差。

1. 锅炉及汽轮机高压钢管及管道用钢

按照《电力建设施工及验收技术规范（管道篇）》（DL 5031—1994）规定，中、低合金钢管子、管件、管道附件在使用前应逐件进行光谱复查，并做出材质标记，而且合金钢管道在整个系统中安装完毕后，应集中光谱复查，材质不得有差错，剩余管段也应及时做出材质标记。同时，DL/T 869—2004 规定合金钢管件焊后应对焊缝进行光谱分析，复查其比例为：

(1) 锅炉受热面管子不少于 10%，若发现材质不符，则应对该项目焊缝金属进行 100% 光谱分析复查。

(2) 其他管子及管道 100%。

锅炉及汽轮机高压钢管及管道的常用材料有以下两类：一类是碳钢，用于锅炉及汽轮机的水冷壁、省煤器、包覆墙、下降管、主给水管道等设备，常见钢号有 20G、St45.8/Ⅲ 等，一般不需进行光谱分析；另一类是耐热钢，用于锅炉及汽轮机的低温过热器、高温过热器、高温再热器、主蒸汽管道、再热蒸汽管道、过热器管道等设备，常见钢号有 12Cr1MoV、15CrMo、10CrMo910（A335P22）、TP347H、T91、12Cr2MoWVTiB 等。随着使用部位的温度变化，就要求有不同类型的耐热合金钢管，如高温过热器上材质就有 12Cr1MoV、TP347H 及 T91 三种钢号。由于钢号不同，使用的部位也不同，一旦钢号验证错误就会导致安装错误，并在机组投入运行后的较短时间内发生事故。例如，15CrMo 钢应用于 510℃ 以下的炉体管道，若用到 540℃ 或更高的温度部位，由于高温作用，15CrMo 钢的持久强度不够，会在很短时间内产生蠕变而爆管。

对耐热钢焊缝的复查可根据标准要求进行，光谱分析人员必须熟悉管道焊接所用焊接材料（焊丝和焊条）的化学成分，分析时也要对两侧母材进行分析比较才能对其所含合金元素进行正确的验证。

2. 不锈钢

不锈钢分为三种类型：铁素体型不锈钢，其含碳量≤0.1%，含铬量≥17%；马氏体型不锈钢，其含碳量≥0.1%，含铬量为 11%～13%；奥氏体型不锈钢含碳量≥0.1%，含铬量≥17%，含有奥氏体稳定元素镍。光谱分析十分容易鉴别，看谱分析时主要是把含铬量判准，再看镍和钛。在奥氏体不锈钢中，除铬含量较高外，含镍量也较高，镍线十分明显，然后对钛只需定性确定有或无即可。

电站金属材料中不锈钢主要有不锈钢管、分析仪表插头、管夹等，常见钢号有 1Cr18Ni9Ti、0Cr18Ni9 及 1Cr18Ni9 等；光谱分析也占很大比例，对不锈钢的看谱分析比较容易，因为其合金元素含量高、特征明显、含量差异也较大。

3. 紧固件

紧固件（螺钉、螺栓与螺母）在火力发电站热力设备上被广泛用于管道、法兰、阀门和汽轮机汽缸的接合面等许多重要设备上，常见钢号有 25Cr2MoV、35CrMo、25Cr2Mo1V 等。

火力发电站常用的紧固件用钢通常是按其工作温度来选择的，当工作温度高于 430℃时选用合金钢。同时，由于螺母的工作条件较螺栓好，因而对螺母材料的要求比螺栓低一些，其工作温度可提高 30~50℃。另外，为使螺纹具有良好的工作条件而不发生螺栓螺母的"咬死"现象，一般要求螺母的硬度应比螺栓材料的硬度低 20~40HB，且螺栓与螺母可采用不同的材料，如螺栓采用 25Cr2Mo1V 时，螺母可采用 25Cr2MoV。

紧固件用钢的含碳量一般大于或等于 0.2%，所以在看谱分析时，当分析对象是螺栓、螺母等紧固件时，就可以考虑这些可能出现的钢号。

4. 高压阀门用钢

电站金属看谱分析难度较大的分析为高压阀门用钢的分析，DL 5031—1994 中规定，对解体的阀门应作下列检查：

（1）合金钢阀门的内部零件应进行光谱复查（部件上可不做标志），但应将检查的结果做出记录。

（2）光谱检查后合金钢部件的材质符合设计要求。

光谱分析人员必须熟悉大口径、高参数阀门的各种零部件，如阀体、阀杆、阀芯、阀盖、阀瓣、阀座等零部件，才能正确验证各种零部件的钢号。尤其是参数较高的大阀门部件更多、钢种更复杂，如高压联合汽阀包括：调节阀杆（1Cr11MoV）、阀盖（ZG15Cr2Mo1）、调节阀碟（30Cr1Mo1V）、齿形垫片（1Cr18Ni9Ti）、连接管（10CrMo910）、特制双头螺栓（20Cr1Mo1VNbTiB）、弹簧垫圈（2Cr12Ni2W1Mo1V）、罩螺母（25Cr2MoVA）、螺栓（20Cr1Mo1VNbTiB）、螺母（25Cr2MoVA）、法兰（1Cr11MoV）、汽封圈（20Cr3MoWVA）、阀壳（ZG15Cr2Mo1）、主汽阀碟（20Cr3MoWVA）等零部件，几乎覆盖了所有合金元素的看谱分析，因此必须首先了解阀门的结构，才能正确无误地进行钢号验证。

阀门主要由铸钢焊接件、紧固件、结构件和密封件四部分组成。铸钢焊接件主要是指阀体（座、盖），它与连接管道相接具有良好的可焊性，其钢号除加上 ZG（铸钢）外，化学成分、含合金元素都应与所连接管道钢号对应。紧固件是阀门上的重要部件，必须逐件验证钢号。

结构件所用的材料，主要根据不同部位的性能要求采用相应耐热结构钢，因此在看谱分析时按图纸及技术资料进行验证。对其他结构件（如阀芯、压块等），必须根据不同的技术要求按图纸资料逐件逐个对所含合金元素进行核对。

密封件一般是指齿形垫，一般为 1Cr18Ni9Ti 或 0Cr18Ni9。所以，只有熟悉高压阀门各零部件的特性，熟悉用钢特点，才能通过看谱分析核对合金元素及含量正确地验证钢号。

5. 其他用钢

除了以上所述的 4 种常见电站金属用钢外，还应熟悉其他零部件用钢，如各种热压弯头（A335P22、0Cr18Ni9、1Cr18Ni9Ti 等）、热压异径三通（12Cr2Mo1、1Cr18Ni9Ti 等）、钢球（65Mn 等）、锅炉用螺栓（20MnTiB 等）、锅炉用销轴（40Cr2MoVA 等），在此不再赘述。

随着大容量、高参数发电机组的安装、检修和投运，对钢材性能的要求也越来越高，新的钢种也不断出现，使看谱分析的难度也越来越大。只有熟悉和掌握电站金属常用钢的用途和性能，才能通过看谱分析正确地对钢号进行验证。

第二节 电站金属的看谱分析及注意事项

一、电站金属看谱分析的定性、半定量分析

在看谱分析中，定性分析是确定试件中某合金元素是否存在。每一种合金元素都有其固有的特征谱线（分析线），因此，在看谱分析中发现某合金元素的分析线时，即说明在被分析的试件中存在该种合金元素。同时，由于每一种合金元素的特征谱线很多，一般用每种合金元素存在量很微小时，最后在光谱中消失的那根谱线（即最"灵敏线"）来作定性分析。当看谱分析中看不到这些谱线时，便可确定试样中不含合金元素。

光谱分析人员必须正确识别各种合金元素的分析线和比较线，在看谱仪中寻找到谱线的位置；也可借助于仪器所附色散曲线，查出波长与鼓轮刻度的对应值，由此找到谱线位置。同时，仪器所附色散曲线由于鼓轮摆动等原因，容易造成刻度值和波长的相对位置发生变动，因此一定要注意。

看谱半定量分析是根据定量分析原理（谱线亮度或强度与其含量的函数关系基本呈线性），通过基体线与元素线的强度比较，或标准试样与被分析试样

在同一条件下谱线强度的比较来粗略估计其元素含量，这就是所说的半定量分析。由于通过看谱镜进行目测，谱线的亮度同时也受客观条件的影响而发生变化，因此不能依据谱线的绝对亮度来估计其含量，只能采用与邻近比较线（铁谱线）亮度相比较来测定，在同一视场中比较相对亮度来对被分析谱线的评定实际上与激发条件无关。虽然电弧的跳动和燃烧要引起谱线亮度的变化，但被分析谱线和与之相比较的铁谱线的亮度也同时改变，所以在同一视场范围内其相对亮度是不变的。

电站金属的看谱分析一般要求速度快，能比较准确地验证钢号并得出相应的结论，整个过程要求在极短的时间内完成，因此也就要求光谱分析人员必须掌握关键、抓住要点、准确无误地进行定性和半定量分析。但如果在极短的时间内对每条谱线仔细地去进行辨认，对每个分析元素准确地进行半定量分析，并不一定能达到良好的效果。

对电站金属的看谱分析，光谱分析人员重点分析的合金元素主要是 Cr、Mo、V、Ni、W、Ti 和 Mn，而其中对 Cr、Mo、V 必须进行比较准确的半定量分析，其他合金元素的看谱分析主要要求能准确进行定性和粗略地估计含量。详述如下：

Cr 元素的半定量分析，重点抓住含 Cr 量为 $0.5\%\sim2.5\%$，$4\%\sim6\%$ 和 10% 以上三个含量范围的准确的半定量分析。因此，半定量分析时主要抓住 Cr5、Cr6、Cr7 和 Cr1 三组特征谱线，按谱线含量表进行对照比较。Cr 元素谱线分析线较多，含量的变化对谱线的亮度变化影响较大。由于 Cr 的含量对验证钢号至关重要，因此在半定量时可找两组特征谱线同时进行半定量分析，通过两次半定量分析结果的分析误差就比较小。如 Cr 含量在 $0.5\%\sim2.5\%$、$4\%\sim6\%$ 时，可先采用 Cr5、Cr6 先定一下，然后通过 Cr7 与 76 比较线比较来进行半定量分析；当含 Cr 量大于 10% 以上时，可采用 Cr5、Cr6 和 Cr1 两组谱线进行比较，含量是否一致，尽量减少半定量分析的误差。

Mo 元素的半定量分析，重点是光谱分析人员必须熟悉三种含量，即 Mo 含量为 0.25%、0.5% 和 1% 左右的分析。当 Mo 含量在 0.25% 左右时，Mo2、Mo3 线线条清晰而 Mo4 线隐约可见；当 Mo 含量达到 0.5% 时，Mo4 线清晰可见，但比铁 87 号基体线亮度要低得多；当 Mo 含量达到 1% 左右时，Mo4 线比铁 87 号线亮得多。因而 Mo 的定性、定量分析主要抓住这三个重点，掌握上述三个基本含量的定量分析，就可以对含 Mo 的耐热钢进行定性和半定量分析。

V 的含量在电站金属用钢中基本是在 0.15% 或 0.3% 左右，也有少数钢含

V 量为 0.4%～0.5%，抓住 V1＝1 基体线为 0.15%，V2＝1 为 0.3%，V3＝3 基体线，V 含量为 0.4% 左右。V8 线位于蓝绿色区域，比较清晰，比紫色区易于观测，V8＝29 时，V 含量在 0.8%，一般情况下仅供定性用。分析时，也可抓住含 V 量为 0.3% 时 V11 线与 99 比较线亮度相等；含 V 量为 0.6% 时，V11 线与 100 亮度相等，而且这一区域容易找到，定性和半定量分析比较方便，其含量范围也正好在电站常用金属含钒量范围内。

对 Ni、W、Ti 主要是定性必须正确，半定量分析的要求就不必像 Cr、Mo、V 一样。也就是说，在含量较低的情况下，必须确定钢中含不含这种合金元素，如 W 在钢中含量在一般为 0.4% 左右，对验证钢号、编写焊接工艺、焊条的选择等非常重要，但含量为 0.4% 时，含量表上并没有其分析线和比较线，但出现 W2、W3 特征谱线，亮度较弱。因此就需要光谱分析人员认真分析，正确验证钢号。又如钢 102（12Cr2MoWVTiB）中 W 的含量为 0.3%～0.55%，达不到定量标志线，但如果不对 W 定性，就不可能正确验证钢号。

对锰的看谱分析是对锰钢材料进行半定量分析。由于在任何钢中都有一定含量的 Mn 存在，因此不存在定性问题，关键应判明在合金钢中锰是不是以合金元素的含量存在。常见的用作合金元素存在的锰合金钢有 19Mn6 等，Mn 的含量为 1%～1.5%，主要根据 Mn2 线与 16 比较线进行比较，但因两线距离较远，半定量分析有较大的误差。因此，一般情况下将橙红色区 Mn11 与 96 比较线进行比较，当 Mn11＝96 时，Mn 含量在 1.3% 左右，通过二者兼评得出结论，确定锰钢中 Mn 的近似含量。

其他元素（如 Cu、Si、Al 等）的看谱分析，由于其在钢中的含量极少，因此看谱分析时很少对其进行定性和半定量分析。

二、电站金属看谱分析的注意事项

对电站金属的看谱分析应尽量排除各种影响因素，尽可能地减少半定量分析的误差，提高看谱分析的准确性。因此，看谱分析时应注意如下几个问题：

（1）光谱（看谱）分析是利用激发光源对试件提供能量，使原子处于激发状态，借助看谱镜观察，对钢种合金元素进行定性和半定量分析，从而达到复核钢号的目的。分析合金元素时，应由低含量到高含量进行，以免因为污染电极或干扰而造成误判。

（2）看谱分析时，应先对谱线范围内的合金元素逐个定性再进行半定量分析。

（3）要充分考虑激发条件对谱线强度的影响。看谱分析时，应严格掌握激发时的固定电极与试样之间的电极间隙，尽量使每次的激发条件基本上保持一致，从而尽可能地减少分析误差。

（4）由于每种合金元素都有一定的"燃烧"特性，因此看谱分析要考虑预燃时间，因为大多数合金元素必须经过一定的燃烧时间谱线强度才稳定，只有这时进行强度评定才比较可靠。

（5）不同材料的固定电极对分析的影响也很大，通常采用纯铁作固定电极。但对电站金属的看谱分析必须测量微量的合金元素，一般采用铜作固定电极，这是由于铜的导热高，电弧燃烧时铜电极比铁电极燃烧的程度低，氧化层生成较慢，连续光谱的辐射部分也较少，因此生成的光谱比铁电极更为清晰。

（6）选择合金元素的分析线和比较线时，尽量在同一视场范围内，相距不可过远，同时两线中间最好要避免特别亮的谱线存在，以免造成分析误差。

（7）由于人的视觉对不同波长的谱线亮度的敏感性不同，人的眼睛最易感觉的波长是黄绿色区域，而对红色和紫色区域，眼睛的灵敏度会显著地下降，因此对这些色区中的观测判定要特别注意。

（8）选择分析线时，先要选择灵敏度较高的谱线，即其含量变化很小就能引起谱线强度的较大变化。

（9）要充分考虑不同合金元素相互之间对谱线的影响，因为有的合金元素（如同时存在铬、镍等）容易引起光谱视图的较大改变。

（10）进行看谱分析时，还要注意表面氧化层或其他污染物容易造成分析误差，必要时要将其打磨掉。同时，每测定一种钢材都应更换固定电极（圆盘电极应更换新的位置），以防止由于电极污染而造成分析误差。对容易产生成分偏析的试件、铸件及大体积试件，均应在一定的距离内多选几个分析点进行半定量分析并取平均值，以保证分析结果尽可能准确。

（11）在对电站金属的看谱分析中，对焊缝的看谱分析较多。分析时应注意焊接材料与母材之间熔合后其熔合比的问题。但如果施焊的工件厚度大、焊口的坡口宽，焊接后熔合的情况也会不同，分析时也要引起注意。

总之，对电站金属看谱分析的定性和半定量分析应考虑多种因素造成的影响，尽量准确地对合金元素进行定性和半定量分析。

三、看谱分析的安全注意事项及安全防护

（1）由于看谱分析是带电作业、电弧强度高，因此进行工作时要注意安全和个人安全防护。《电力建设安全工作规程（火力发电厂部分）》（DL 5009.1—2002）规定：

1）工作人员应穿绝缘鞋、带绝缘手套。

2）工作时不得将火花发生器外壳拿掉。

3）更换或调整电极时，必须切断电源。

4）雨、雪天气不得露天进行光谱分析工作。

5）严禁在装有易燃、易爆物品的房间内进行光谱分析。在室外易燃、易爆物品附近进行光谱分析时，应遵守防火等安全规章制度。

6）在容器内进行光谱分析时，除应遵守在金属容器内工作的有关规定外，还应采取下列防止触电的措施：

① 工作人员所穿工作服、鞋、帽等必须干燥，工作时应站在绝缘垫上。

② 容器外应设监护人。监护人应站在可看见光谱分析人员和听见其声音的位置；电源开关必须在容器外监护人伸手可及的地方。

（2）同时，《火力发电厂金属光谱分析导则》中还规定：

1）仪器盖板不得随意打开，仪器发生故障可请有关专业人员修理，光学零件表面需清洁时可用脱脂棉花蘸酒精与乙醚（1：1）混合液轻擦，光栅表面严禁揩擦。

2）仪器处于激发状态时，切勿关闭电源开关。

3）仪器处于激发状态时，严禁转换"电弧"、"火花"开关。

4）仪器处于激发状态时，切勿触摸电极。

5）弧光对人眼有害，应注意防护。

6）电源线保护层是橡胶制造，应避免与油类接触。

附录 A 常用钢材的使用参数

常用钢材的使用参数见表 A.1。

表 A.1　　　　　　　　　　常用钢材的使用参数

管子、管件及管道附件名称	设计压力（MPa）	设计温度（℃）					
		≤300	≤350	≤420	≤510	≤540	≤570
钢管	<2.5	Q235-A			12CrMo 15CrMo 15Mo3 13CrMo44 14MoV63	12Cr1MoV 12Cr2MoWVTiB 12Cr3MoVSiTiB 10CrMo910 X20CrMoV121	
	≥2.5	Q235-A 10 16Mng	10 20	St45.8 20g			
管件	<2.5	Q235-A			12CrMo 15CrMo ZG20CrMo	12Cr1MoV ZG20CrMoV ZG15Cr1MoV 12Cr2Mo1	
	≥2.5	10 20	20、25 ZG230-450 20g				
螺栓	<2.5	Q235-A	25 35	30CrMo 35CrMo 25Cr2MoV 17CrMo1V		25CrMo1V	20CrMo1VTiB 20Cr1Mo1VNbB
	≥2.5	35					
螺母	<2.5	Q235-A		35	30CrMo 17CrMo1V 35CrMo		25Cr2MoV 25Cr2Mo1V
	≥2.5	25					

附录 B 常用中外标准钢材对照表

常用中外标准钢材对照见表 B.1。

表 B.1   常用中外标准钢材对照表

钢材主要成分	美国（ASTM）	日本（JIS）	英国（BS）	西德（DIN）	中国（GB）
碳钢	A106-B	STPT42	3602-410	17175-St45.8/Ⅲ	20
碳钢	A106-C	STPT49	3602-460	—	15MnV
碳钢	A333-6	STPL39	3603-410	—	16Mn
碳钼钢	A335-P1	STPA12	—	17175-15Mo3	16Mo
$1Cr\frac{1}{2}Mo$	A335-P12	STPA22	3604-620	17175-13Mo44	15CrMo
$1\frac{1}{4}Cr^1/_2Mo$	A335-P11	STPA-23	3604-621	—	12CrMo
$2\frac{1}{4}Cr1Mo$	A335-P22	STPA-24	3604-622	17175-10CrMo910	12Cr2Mo
$5Cr\frac{1}{2}Mo$	A335-P5	STPA-25	3604-625	—	—
9Cr1Mo	A335-P9	STPA-26	—	—	—

附录 C 热力设备常用金属材料化学成分

热力设备常用金属材料化学成分见表 C.1～表 C.9（表中数据仅供参考，准确数据以现行标准为准）。

表 C.1

蒸汽管道和锅炉受热面管子常用金属材料化学成分

钢 号	化学成分（%）														
	C	Mn	Si	Cr	Mo	V	Ti	B	W	Ni	Al	Nb	N	S	P
														不大于	
20G (GB 5310—1995)	0.17～0.24	0.35～0.65	0.17～0.37											0.030	0.030
ST45.8 (企业标准)	≤0.21	0.40～1.20	0.10～0.35											0.035	0.035
20MnG (GB 5310—1995)	0.17～0.24	0.70～1.00	0.17～0.37											0.030	0.030
25MnG (GB 5310—1995)	0.22～0.30	0.70～1.00	0.17～0.37											0.030	0.030
15MoG (GB 5310—1995)	0.12～0.20	0.40～0.80	0.17～0.37		0.25～0.35									0.030	0.030
20MoG (GB 5310—1995)	0.15～0.25	0.40～0.80	0.17～0.37		0.44～0.65									0.030	0.030
12CrMoG (GB 5310—1995)	0.08～0.15	0.40～0.70	0.17～0.37	0.40～0.70	0.40～0.55									0.030	0.030
15CrMoG (GB 5310—1995)	0.12～0.18	0.40～0.70	0.17～0.37	0.80～1.10	0.40～0.55									0.030	0.030

续表

| 钢　号 | 化学成分(%) | | | | | | | | | | | | | S | P |
	C	Mn	Si	Cr	Mo	V	Ti	B	W	Ni	Al	Nb	N	不大于	
12Cr2MoG (GB 5310—1995)	0.08~0.15	0.40~0.70	≤0.50	2.00~2.50	0.90~1.20									0.030	0.030
12CrMoV (GB 3077—1988)	0.08~0.15	0.40~0.70	0.17~0.37	0.30~0.60	0.25~0.35	0.15~0.30								0.035	0.035
12Cr1MoVG (GB 5310—1995)	0.08~0.15	0.40~0.70	0.17~0.37	0.90~1.20	0.25~0.35	0.15~0.30								0.030	0.030
15Cr1Mo1V (YB 6—59)	0.08~0.15	0.40~0.70	0.17~0.37	0.90~1.20	1.00~1.20	0.15~0.25								0.035	0.035
12MoVWBSiXt (GB 5310—1985)	0.08~0.15	0.40~0.70	0.60~0.90		0.45~0.65	0.30~0.50	加入量 0.06	加入量 电炉 0.008 平炉 0.010	0.15~0.40	Xt 加入量 0.15				0.040	0.040
12Cr2MoWVTiB (102) (GB 5310—1995)	0.08~0.15	0.45~0.65	0.45~0.75	1.60~2.10	0.50~0.65	0.28~0.42	0.08~0.18	0.002~0.008	0.30~0.55					0.030	0.030
12Cr3MoVSiTiB (GB 5310—1995)	0.09~0.15	0.50~0.80	0.60~0.90	2.50~3.00	1.00~1.20	0.25~0.35	0.22~0.38	0.005~0.011						0.030	0.030
10Cr9Mo1VNb (T91/P91) (GB 5310—1995)	0.08~0.12	0.30~0.60	0.20~0.50	8.00~9.50	0.85~1.05	0.18~0.25				≤0.40	≤0.040	0.06~0.10	0.030~0.070	0.010	0.020
10CrMo910 (DIN17155—1983)	0.06~0.15	0.40~0.70	≤0.50	2.00~2.50	0.90~1.10									0.035	0.030

续表

钢 号	化学成分(%)														
	C	Mn	Si	Cr	Mo	V	Ti	B	W	Ni	Al	Nb	N	S	P
														不大于	
X20CrMoV121 (F12) (DIN17155—1983)	0.17~0.23	≤1.00	≤0.50	10.00~12.50	0.80~1.20	0.25~0.35				0.30~0.80				0.030	0.030
A106B (ASTMA335)	≤0.30	0.29~1.06	≤0.10											0.058	0.048
A106C (ASTMA335)	≤0.35	0.29~1.06	≤0.10											0.058	0.048
A335P11 (ASTMA335)	≤0.15	0.30~0.60	0.50~1.00	1.00~1.50	0.44~0.65									0.030	0.030
A335P12 (ASTMA335)	≤0.30	0.30~0.61	≤0.50	0.80~1.25	0.44~0.65									0.045	0.045
A235P22 (ASTMA335)	≤0.15	0.30~0.60	≤0.50	1.90~2.60	0.87~1.13									0.030	0.030
15NiCuMoNb5 (WB36)	0.10~0.17	0.80~1.20	0.25~0.50	≤0.030	0.25~0.50				Cu 0.50~0.80	1.00~1.30	≤0.050	0.015~0.045	≤0.020	0.025	0.030
10Cr5MoWVTiB (G106)	0.07~0.12	0.45~0.75	0.40~0.70	4.50~6.00	0.48~0.65	0.20~0.33	0.16~0.24	0.008~0.014	0.20~0.40					0.030	0.030
1Cr9Mo1 (X12CrMo91)	≤0.15	0.30~0.60	0.25~1.00	8.00~10.00	0.90~1.10									0.030	0.030
1Cr9Mo2 (HCM9M)	≤0.08	0.30~0.70	≤0.50	8.00~10.00	1.80~2.20									0.030	0.030

续表

钢　号	化学成分(%)													S	P
	C	Mn	Si	Cr	Mo	V	Ti	B	W	Ni	Al	Nb	N	不大于	
1Mn17Cr7Mo7VNbBZr (17-7MoV)	0.05~0.12	17.00~19.00	0.50~0.80	7.00~9.00	0.80~1.10	0.25~0.45			0.005~0.012		Zr 0.08	0.30~0.50		0.030	0.035
1Cr18Ni9 (GB 5310—1995)	≤0.15	≤2.00	≤1.00	17.00~19.00						8.00~10.00					0.035
1Cr19Ni9 (GB 5310—1995)	0.04~0.10	≤2.00	≤1.00	18.00~20.00						8.00~11.00				0.030	0.035
1Cr18Ni9Ti (GB 1220—1992)	≤0.12	≤2.00	≤1.00	17.00~19.00			5×(C%−0.02)~0.8			8.00~11.00				0.030	0.035
0Cr17Ni2Mo2 (316)	≤0.08	≤2.00	≤1.00	16.00~18.00	2.00~3.00					10.00~14.00					0.035
0Cr18Ni11Ti (321)	≤0.08	≤2.00	≤1.00	17.00~19.00			≥5×C%			9.00~13.00				0.030	0.035
1Cr19Ni11Nb (GB 5310—1995)	0.04~0.10	≤2.00	≤1.00	17.00~20.00						9.00~13.00		Nb+Ta≥8×C%~1.00		0.030	0.030
HCM2S (T23)	0.06	0.45	0.2	2.25	0.1	0.25		0.003	1.6			0.05			
P92 (NF616)	0.07~0.13	0.30~0.60	<0.5	8.5~9.5	0.30~0.60	0.15~0.25		0.001~0.006	1.5~2.0	<0.40		0.04~0.09	0.03~0.07		

续表

化学成分(%)

钢 号	C	Mn	Si	Cr	Mo	V	Ti	B	W	Ni	Al	Nb	N	S	P
														不大于	
HCM12A (T122)	0.11	0.60	0.1	12.0	0.4	0.20		0.003	2.0			0.05	0.06N 1.0Cu		
TP304H	0.08	1.6	0.6	18.0											
Super 304H	0.10	0.8	0.2	18.0						9.0		0.40	0.10N 3.0Cu		
TP347H	0.08	1.6	0.6	18.0						10.0		0.8			
TP347 HFG	0.08	1.6	0.6	18.0						10.0		0.8			
Tempaloy A-1	0.12	1.6	0.6	18.0			0.08			10.0		0.10			
TP310NbN (HR3C)	0.06	1.2	0.4	25.0						20.0		0.45	0.2N		
NF709	0.15	1.0	0.5	20.0	1.5		0.1			25.0		0.2			
SAVE25	0.10	1.0	0.1	23.0					1.5	18.0		0.45	0.2N 3.0Cu		
HR6W	0.08	1.2	0.4	23.0			0.08	0.003	6.0	43.0		0.18			
Inconel 617		0.4	0.40	22.0	8.5					54.0	1.2Al 12.5Co				
Inconel 671	0.05			48.0						51.5					

表 C.2

锅炉锅筒常用金属材料化学成分

钢　号	板厚 (mm)	C	Mn	Si	Cr	Mo	V	Ti	Ni	Cu	Al	Cr+Ni+Cu	Nb	S	P
SB49 (JIS G3103)	<25	<0.31	<0.90	0.15~0.30										<0.040	<0.035
	25~50	<0.33													
	50~200	<0.35													
11474 (CSN 411474)		≤0.22	≥0.70	≤0.35	≥0.03				≤0.30	≤0.30		≤0.70		≤0.04	≤0.04
12Mng (GB 713—1986)		≤0.16	1.10~1.50	0.20~0.60										≤0.035	≤0.035
16Mng (GB 713—1986)		0.12~0.22	1.20~1.60	0.20~0.60										≤0.035	≤0.035
19Mn6 (企业标准)		0.15~0.22	1.00~1.60	0.30~0.60	≤0.15	≤0.10	≤0.03	≤0.03	≤0.15	≤0.15	0.02			≤0.03	≤0.035
A299 (ASTMA299—1986)	≤25.4	≤0.28	0.84~1.52	0.13~0.45										≤0.040	≤0.035
	≥25.4	≤0.30	0.84~1.62	0.13~0.45										≤0.040	≤0.035
15MnVg (GB 713—1986)		0.10~0.18	1.20~1.60	0.20~0.60			0.04~0.12							≤0.035	≤0.035
BHW35 (榛森钢铁公司材料规范 454)		≤0.15	1.00~1.60	0.10~0.50	0.20~0.40	0.20~0.40			0.60~1.00				~0.01	≤0.025	≤0.025

续表

化学成分（%）

钢　号	板厚 (mm)	C	Mn	Si	Cr	Mo	V	Ti	Ni	Cu	Al	Cr+Ni +Cu	Nb	S	P
13MnNiMoNb （企业标准）		≤0.16	1.00~ 1.60	0.10~ 0.50	0.20~ 0.40	0.20~ 0.40			0.70~ 1.10				0.005~ 0.022	≤0.025	≤0.025
16ГHM		0.12~ 0.20	0.7 ~0.9	0.17~ 0.37	≤0.30	0.4~ 0.55			1.0~ 1.5					≤0.040	≤0.035
14MnMoVg （GB 713—1986）		0.10~ 0.18	1.20~ 1.60	0.20~ 0.50		0.40~ 0.65	0.05~ 0.15							≤0.035	≤0.035
18MnMoNbg （GB 713—1986）		0.17~ 0.23	1.35~ 1.65	0.17~ 0.37		0.45~ 0.65							0.025~ 0.050	≤0.035	≤0.035
18MnMoNbR （GB 6654—1986）		≤0.23	1.35~ 1.65	0.17~ 0.37		0.45~ 0.65							0.025~ 0.050	≤0.035	≤0.035
18MnMoNb （JB 1270—1985）		0.16~ 0.22	1.20~ 1.50	0.20~ 0.40		0.45~ 0.60							0.020~ 0.045	≤0.030	≤0.030
18MnMoNb （JB 1271—1985）		0.16~ 0.22	1.20~ 1.50	0.20~ 0.40		0.45~ 0.60							0.020~ 0.045	≤0.030	≤0.030

锅炉受热面吊挂和吹灰器常用金属材料化学成分

表 C.3

钢 号	技术标准	化学成分（%）										
		C	Mn	Si	S	P	Ni	Cr	Mo	N	Al	Ti
1Cr5Mo	GB 1221—1992	0.15	0.60	0.50	0.030	0.035	0.60	4.00~6.00	0.45~0.60			
1Cr6Si2Mo	GB 1221—1975	0.15	0.70	1.50~2.00	0.030	0.035	0.60	5.00~6.50	0.45~0.60			
4Cr9Si2	GB 1221—1992	0.35~0.50	0.70	2.00~3.00	0.030	0.035	0.60	8.00~10.00				
1Cr25Ti	GB 1220—1975	0.12	0.80	0.80	0.030	0.035		24.00~27.00				5×C%~0.80
1Cr20Ni14Si2	GB 1221—1992	0.20	1.50	1.50~2.50	0.030	0.035	12.00~15.00	19.00~22.00				
1Cr25Ni20Si2	GB 1221—1992	0.20	1.50	1.50~2.50	0.030	0.035	18.00~21.00	18.00~21.00				
3Cr18Mn12Si2N	GB 1221—1992	0.22~0.30	10.50~12.50	1.40~2.20	0.030	0.060		17.00~19.00		0.22~0.33		
2Cr20Mn9Ni2Si2N	GB 1221—1992	0.17~0.26	8.50~11.00	1.80~2.70	0.030	0.060	2.00~3.00	18.00~21.00		0.20~0.30		
2Mn18Al5SiMoTi	YB/Z 8—1975	0.20~0.30	17.00~19.00	0.80~1.30	0.030	0.040	0.60		0.60~1.00		4.30~5.30	0.07~0.17

表 C.4　锅炉构架常用金属材料化学成分

钢号	板厚(mm)	牌号	技术标准	化学成分 (%)										
				C	Mn	Si	S	P	Ni	Cr	Al	Nb	Cu	V
Q235		A3	GB 700—1979	0.14~0.22	0.30~0.65	≤0.30	≤0.050	≤0.045						
		Q235A级	GB 700—1988	0.14~0.22	0.30~0.65	≤0.30	≤0.050	≤0.045						
		Q235B级	GB 700—1988	0.12~0.20	0.30~0.70	≤0.30	≤0.045	≤0.45						
		Q235C级	GB 700—1988	≤0.18	0.35~0.80	≤0.30	≤0.040	≤0.040						
		Q235D级	GB 700—1988	≤0.17	0.35~0.80	≤0.30	≤0.035	≤0.035						
18Nbb			GB 1591—1979	0.14~0.22	0.40~0.65	≤0.17	≤0.050	≤0.045				0.015~0.050		
16Mn			试料	0.17	1.36~1.56	0.32~0.36	0.011~0.033	0.017~0.022	0.035~0.12	0.02~0.13			0.12~0.15	
11523			GB 1591—1988	0.12~0.20	1.20~1.60	0.20~0.55	≤0.045	≤0.045						
			CSN41 1523+a	≤0.20	≤1.60	≤0.55	≤0.045	≤0.050		≤0.60	≥0.0015			
SM50B	<50		JIS G 3106	0.18	≤1.50	≤0.55	≤0.040	≤0.040						
	50~100			0.20										
15MnV			GB 1591—1988	0.12~0.18	1.20~1.60	0.20~0.55	≤0.045	≤0.045						0.04~0.12
			YB 529—1970	0.12~0.18	1.20~1.60	0.20~0.60	≤0.040	≤0.040						0.04~0.12

续表

钢号	板厚 (mm)	牌号	技术标准	化学成分 (%)										
				C	Mn	Si	S	P	Ni	Cr	Al	Nb	Cu	V
SM41B	<50			<0.20	0.60~1.20	<0.35	<0.040	<0.040						
	50~100			<0.22	0.60~1.20	<0.35	<0.040	<0.040						
SM53C	<50			<0.20	<1.50	<0.55	<0.040	<0.040						
ASTM-A36	型钢			0.26			<0.05	<0.04						
	≤19			0.25			<0.05	<0.04						
	19~38			0.25	0.80~1.20		<0.05	<0.04						
	38~64			0.26	0.80~1.20	0.15~0.40	<0.05	<0.04						
	64~102			0.27	0.80~1.20	0.15~0.40	<0.05	<0.04						
	>102			0.29	0.80~1.20	0.15~0.40	<0.05	<0.04						

表 C.5　汽轮机转子、主轴与叶轮常用金属材料化学成分

钢　号	技术标准	化学成分（%）												备注
		C	Si	Mn	S	P	Ni	Cr	Mo	V	Cu	Al	W	B	
40Cr	GB 3077	0.37~0.44	0.17~0.37	0.50~0.80	≤0.025	≤0.025	≤0.30	0.80~1.10			≤0.25				为高级优质钢成分
17CrMo1V	企业标准	0.12~0.20	0.30~0.50	0.60~1.00	≤0.030	≤0.030		0.30~0.45		0.30~0.40					
35CrMoVA	GB 3077	0.30~0.38	0.17~0.37	0.40~0.70	≤0.025	≤0.025	≤0.30	1.00~1.30	0.20~0.30	0.10~0.20	≤0.25				
30Cr1Mo-1VE	JB/T 1265	0.27~0.34	0.17~0.37	0.70~1.00	≤0.012	≤0.012	≤0.50	1.05~1.35	1.00~1.30	0.21~0.29	≤0.15	≤0.010			
27Cr2MoV 30Cr2MoV	JB 1265	0.22~0.32	0.30~0.50	0.50~0.80	≤0.018	≤0.015	≤0.30	1.50~1.80	0.60~0.80	0.20~0.30	≤0.20				
28CrNiMoVE	JB/T 1265	0.25~0.30	≤0.30	0.30~0.80	≤0.012	≤0.012	0.50~0.75	1.10~1.40	0.80~1.00	0.25~0.35	≤0.20	≤0.010			
25Cr2NiMoV	SQB 40.32（企业标准）	0.22~0.28	0.15~0.35	0.70~0.90	≤0.015	≤0.015	1.00~1.20	1.70~2.00	0.75~0.95	0.03~0.09	≤0.20				
30Cr2Ni4MoV	JB/T 1265	≤0.35	0.17~0.37	0.20~0.40	≤0.012	≤0.035	3.25~3.75	1.50~2.00	0.30~0.60	0.07~0.15	≤0.20	≤0.015			
20Cr3MoWV	GB 3077	0.17~0.24	0.17~0.37	0.30~0.60	≤0.025	≤0.025	≤0.30	2.60~3.00	0.35~0.50	0.70~0.90			0.30~0.60		
33Cr3MoWV	企业标准	0.30~0.38	0.17~0.37	0.50~0.80	≤0.030	≤0.035		2.40~3.30	0.35~0.55	0.15~0.25			0.30~0.50		
		0.28~0.36	0.17~0.37	0.60~0.90	≤0.030	≤0.035		2.40~3.30	0.35~0.55	0.15~0.25			0.30~0.50		
18CrMnMoB	Q/ZB 61	0.17~0.23	0.20~0.40	1.20~1.50	≤0.030	≤0.030		1.50~1.80	0.45~0.55					0.0010~0.0035	
30Mn2MoB	企业标准	0.26~0.32	0.17~0.37	1.40~1.70	≤0.030	≤0.035			0.45~0.55	≤0.05				0.001~0.004	

表 C.6　汽轮机与燃气轮机叶片常用金属材料化学成分

钢号	技术标准	化学成分（%）																	
		C	Si	Mn	P	S	Ni	Cr	Mo	V	W	Cu	N	Nb	B	Al	Ti	Ce	Zr
20CrMo	GB 3077	0.17~0.24	0.17~0.37	0.40~0.70	≤0.035	≤0.035		0.80~1.10	0.15~0.25										
24CrMoV	YB6	0.20~0.28	0.20~0.40	0.30~0.60	≤0.035	≤0.030	≤0.35	1.20~1.50	0.50~0.60	0.15~0.30		≤0.25							
25Mn2V	YB6	0.22~0.29	0.20~0.40	1.80~2.10	≤0.035	≤0.030	≤0.35	≤0.35		0.10~0.20		≤0.25							
1Cr12	GB 1220	≤0.15	≤0.50	≤1.00	≤0.035	≤0.030	≤0.60	11.50~13.00											
1Cr12Mo	GB 1221	0.10~0.15	≤0.50	0.30~0.50	≤0.035	≤0.030	0.30~0.60	11.50~13.00	0.30~0.60			≤0.30							
0Cr13	GB 1220	≤0.08	≤1.00	≤1.00	≤0.035	≤0.030	≤0.60	11.50~13.00											
1Cr13	GB 1221	0.08~0.15	≤1.00	≤1.00	≤0.035	≤0.030	≤0.60	11.50~13.00											
1Cr13Mo	GB 1221	0.08~0.18	≤0.60	≤1.00	≤0.035	≤0.030	≤0.60	11.50~14.00				≤0.30							
2Cr13	GB 1221	0.16~0.25	≤1.00	≤1.00	≤0.035	≤0.030	≤0.60	12.00~14.00											
1Cr11MoV	GB 1221	0.11~0.18	≤0.50	≤0.60	≤0.035	≤0.030	≤0.60	10.00~11.50	0.50~0.70	0.25~0.40									
1Cr12WMoV（即802）	GB 1221	0.12~0.18	≤0.50	0.50~0.90	≤0.035	≤0.030	0.40~0.80	11.00~13.00	0.50~0.70	0.18~0.30	0.70~1.10								

续表

钢号	技术标准	化学成分（%）																
		C	Si	Mn	P	S	Ni	Cr	Mo	V	W	Cu	N	Nb	B	Al	Ti	Ce	Zr
1Cr17Ni2	GB1221	0.11~0.17	≤0.80	≤0.80	≤0.035	≤0.030	1.50~2.50	16.00~18.00											
2Cr12MoVNbN	GB1221	0.15~0.20	≤0.50	0.50~1.00	≤0.035	≤0.030	≤0.60	10.00~13.00	0.30~0.90	0.10~0.40			0.05~0.10	0.20~0.60					
2Cr12NiMoWV (C-422)	GB1221	0.20~0.25	≤0.50	0.50~1.00	≤0.035	≤0.030	0.50~1.00	11.00~13.00	0.75~1.25	0.20~0.40	0.70~1.25								
2Cr12WMoVNbB (耐热993)	YB/Z8	0.15~0.22	≤0.50	≤0.50	≤0.030	≤0.025	0.60	11.00~13.00	0.40~0.60	0.15~0.30	0.40~0.70			0.20~0.40	≤0.003				
2Cr12Ni2WMoV	企业标准	≤0.24	≤0.50	0.40~0.80	≤0.030	≤0.030	2.00~2.60	10.50~12.50	1.00~1.40	0.15~0.30	1.00~1.40								
0Cr14Ni40W4Mo2T3A12BZr (302合金)	企业标准	≤0.08	≤0.60	≤0.60	≤0.020	≤0.010	38.00~42.00	12.00~16.00	1.50~2.50		3.50~4.50				0.010	1.80~2.30	2.30~3.00	0.020	0.050
0Cr15Ni35W3T3AlB (耐热787)	企业标准	≤0.08	≤0.60	≤0.60	≤0.020	≤0.010	33.00~37.00	14.00~16.00			2.00~4.00				0.030	0.70~1.70	2.40~3.20		
0Cr17Ni4Cu4Nb (17-4PH)	GB1220	≤0.07	≤1.00	≤1.00	≤0.035	≤0.030	3.00~5.00	15.50~17.50				3.00~5.00		0.15~0.45					
1Cr14Ni8W2NbBCe (耐热726)	企业标准	0.08~0.12	≤0.60	1.00~2.00	≤0.020	≤0.020	18.00~20.00	13.00~15.00			2.00~2.75			0.90~1.30	≤0.025			≤0.02	
1Cr15N36W3Ti (耐热612)	GB1221	≤0.12	1.00~2.00	0.50~2.00	≤0.030	≤0.030	34.00~38.00	14.00~16.00			2.80~3.20						1.00~1.40		
1Cr17Ni13W3Ti	企业标准	0.10~0.15	≤0.60	0.50~0.80	≤0.030	≤0.030	12.50~14.00	15.00~16.50	≤0.15	≤0.15	2.50~3.00	≤0.25					0.40~0.80		
1Mn18Cr10MoVB (K9)	企业标准	0.12~0.17	0.30~0.70	17.00~19.00	≤0.035	≤0.035	9.50~11.50		0.40~0.60	0.70~0.90					0.03				

表 C.7 紧固件常用金属材料化学成分

钢号	钢类	技术条件	化学成分 (%) C	Si	Mn	S	P	Ni	Cr	Mo	V	Cu	Ti	Co	W	Al	Nb	B	Fe	Mg	Zr
35		GB 699 —1988	0.32~0.40	0.17~0.37	0.50~0.80	≤0.035	≤0.035	≤0.25	≤0.25												
45		GB 699 —1988	0.42~0.50	0.17~0.37	0.50~0.80	≤0.035	≤0.035	≤0.25	≤0.25												
35SiMn	优质钢	GB 3077 —1988	0.32~0.40	1.10~1.40	1.10~1.40	≤0.035	≤0.035	≤0.30	≤0.30			≤0.30									
	高级优质钢		0.32~0.40	1.10~1.40	1.10~1.40	≤0.025	≤0.025	≤0.30	≤0.30			≤0.25									
35CrMo	优质钢	GB 3077 —1988	0.32~0.40	0.17~0.37	0.40~0.70	≤0.035	≤0.035	≤0.30	0.80~1.10	0.15~0.25		≤0.30									
	高级优质钢		0.32~0.40	0.17~0.37	0.40~0.70	≤0.025	≤0.025	≤0.30	0.80~1.10	0.15~0.25		≤0.25									
42CrMo	优质钢	GB 3077 —1988	0.38~0.45	0.17~0.37	0.50~0.80	≤0.035	≤0.035	≤0.30	0.90~1.20	0.15~0.25											
25Cr2MoV	优质钢	GB 3077 —1988	0.22~0.29	0.17~0.37	0.40~0.70	≤0.035	≤0.035	≤0.30	1.50~1.80	0.25~0.35	0.15~0.30	≤0.30									
	高级优质钢		0.22~0.29	0.17~0.37	0.40~0.70	≤0.025	≤0.025	≤0.30	1.50~1.80	0.25~0.35	0.15~0.30	≤0.25									

续表

钢号	钢类	技术条件	化学成分(%)																		
			C	Si	Mn	S	P	Ni	Cr	Mo	V	Cu	Ti	Co	W	Al	Nb	B	Fe	Mg	Zr
25Cr2Mo1V	优质钢	GB 3077—1988	0.22~0.29	0.17~0.37	0.50~0.80	≤0.035	≤0.035	≤0.30	2.10~2.50	0.90~1.10	0.30~0.50	≤0.30									
	高级优质钢		0.22~0.29	0.17~0.37	0.50~0.80	≤0.025	≤0.025	≤0.30	2.10~2.50	0.90~1.10	0.30~0.50	≤0.25									
20Cr1Mo1V1		企业标准	0.18~0.25	0.17~0.37	≤0.50	≤0.03	≤0.035	≤0.4	1.0~1.3	0.8~1.2	0.7~1.0	≤0.25									
20Cr1Mo1V1TiB		企业标准	0.17~0.23	0.40~0.60	0.40~0.65	≤0.030	≤0.030		0.90~1.30	0.75~1.00	0.45~0.65		0.16~0.28					加入量≤0.005			
20Cr1Mo1VNbTiB		企业标准	0.17~0.23	0.40~0.60	0.40~0.65	≤0.030	≤0.030		0.90~1.30	0.75~1.00	0.50~0.70		0.05~0.14				0.11~0.25	0.005 加入量			
2Cr12WMoVNbB		YB/Z 8—1975	0.15~0.22	≤0.50	≤0.50	≤0.025	≤0.030	≤0.60	11.00~13.00	0.40~0.60	0.15~0.30				0.40~0.70		0.20~0.40	≤0.003			
Refractaloy-26		企业标准	≤0.08	≤1.50	≤1.00	≤0.030	≤0.030	35.00~39.00	16.00~20.00	2.50~3.50			2.50~3.00	18.00~22.00		≤0.25		0.001~0.01			
GH145		企业标准	≤0.08	≤0.35	≤0.35	≤0.015	≤0.010	≥70	14.0~17.0			≤0.50	2.25~2.75	≤1.00		0.40~1.00	0.70~1.20	≤0.010	5.00~9.00	≤0.010	≤0.050

表 C.8　　汽轮机、锅炉常用铸钢化学成分

钢号	技术标准	化学成分 (%)											备注
		C	Si	Mn	P	S	Cr	Mo	V	Ni	Cu	Al	
ZG25	GB 5676	≤0.30	≤0.50	≤0.90	≤0.040	≤0.040	≤0.30			≤0.30	≤0.30		
ZG35	GB 5676	≤0.40	≤0.50	≤0.90	≤0.040	≤0.040	≤0.30			≤0.30	≤0.30		
ZG15Cr1Mo	技术条件 —1983	≤0.22	≤0.65	0.46~ 0.84	≤0.035	≤0.030	0.95~ 1.55	0.43~ 0.67				≤0.025	
ZG20CrMo	ZB J98015—1989 JB 3285—1983	0.15~ 0.25	0.20~ 0.45	0.50~ 0.80	≤0.040	≤0.040	0.50~ 0.80	0.40~ 0.60					
ZG22CrMo	技术条件 —1983	≤0.27	≤0.62	≤0.74	≤0.040	≤0.040	0.35~ 0.75	0.38~ 0.62				≤0.025	
ZG15Cr2Mo1	技术条件 —1983	≤0.20	≤0.62	0.36~ 0.74	≤0.040	≤0.040	1.95~ 2.80	0.88~ 1.22				≤0.025	
ZG15Cr1MoV	JB 3285—1983 ZB ZB K54023—1988	0.12~ 0.20	0.17~ 0.37	0.40~ 0.70	≤0.030	≤0.030	1.20~ 1.70	0.90~ 1.20	0.25~ 0.40				
ZG20CrMoV	ZB J98015—1989 ZB ZB K54023—1988	0.18~ 0.25	0.17~ 0.37	0.40~ 0.70	≤0.030	≤0.030	0.90~ 1.20	0.50~ 0.70	0.20~ 0.30				
CSN 422712	捷克	0.17~ 0.25	0.20~ 0.50	0.80~ 1.40	≤0.050	≤0.050	≤0.30			≤0.40	≤0.30		工作温度可达 450℃
CSN 422743	捷克	0.11~ 0.19	0.20~ 0.50	0.45~ 0.70	≤0.045	≤0.045	0.50~ 0.70	0.20~ 0.35	0.20~ 0.35	≤0.30			工作温度可达 525℃
CSN 422744	捷克	0.11~ 0.18	0.20~ 0.50	0.45~ 0.70	≤0.045	≤0.045	0.50~ 0.70	0.40~ 0.60	0.20~ 0.35	≤0.40			工作温度可达 580℃
CSN 422745	捷克	0.11~ 0.19	0.20~ 0.50	0.45~ 0.70	≤0.035	≤0.035	0.40~ 0.60	0.85~ 1.05	0.20~ 0.35	≤0.40			工作温度可达 575℃

表 C.9

常用弹簧钢化学成分

钢号	技术标准	化学成分 (%)										
		C	Si	Mn	P	S	Cr	Ni	Mo	W	V	Cu
65	GB 1222—1984	0.62~0.70	0.17~0.37	0.50~0.80	≤0.035	≤0.035	≤0.25	≤0.25				≤0.25
70	GB 1222—1984	0.62~0.72	0.17~0.37	0.50~0.80	≤0.035	≤0.035	≤0.25	≤0.25				≤0.25
85	GB 1222—1984	0.82~0.90	0.17~0.37	0.50~0.80	≤0.035	≤0.035	≤0.25	≤0.25				≤0.25
65Mn	GB 1222—1984	0.62~0.70	0.17~0.37	0.90~1.20	≤0.035	≤0.035	≤0.25	≤0.25				≤0.25
55Si2Mn	GB 1222—1981	0.52~0.60	1.50~2.00	0.60~0.90	≤0.035	≤0.035	≤0.35	≤0.35				≤0.25
60Si2Mn	GB 1222—1984	0.56~0.64	1.50~2.00	0.60~0.90	≤0.035	≤0.035	≤0.35	≤0.35				≤0.25
60Si2MnA	GB 1222—1984	0.56~0.64	1.60~2.00	0.60~0.90	≤0.030	≤0.030	≤0.35	≤0.35				≤0.25
60Si2CrA	GB 1222—1984	0.56~0.64	1.40~1.80	0.40~0.70	≤0.030	≤0.030	0.70~1.00	≤0.35				≤0.25
55SiMnVB	GB 1222—1984	0.52~0.60	0.70~1.00	1.00~1.30	≤0.035	≤0.035	≤0.35	≤0.35		B 0.000 5~0.003 5	0.08~0.016	≤0.25

续表

钢　号	技术标准	化学成分（%）										
		C	Si	Mn	P	S	Cr	Ni	Mo	W	V	Cu
50CrVA	GB 1222—1984	0.46~0.54	0.17~0.37	0.50~0.80	≤0.030	≤0.030	0.80~1.10	≤0.35			0.10~0.20	≤0.25
30W4Cr2VA	GB 1222—1984	0.26~0.34	0.17~0.37	≤0.40	≤0.030	≤0.030	2.00~2.50	≤0.35		4.00~4.50	0.50~0.80	≤0.25
45Cr1MoV	企业标准	0.40~0.50	0.15~0.35	0.60~0.80	≤0.040	≤0.040	1.30~1.50		0.65~0.75		0.25~0.35	
3Cr13	GB 1220—1992	0.26~0.40	≤1.00	≤1.00	≤0.035	≤0.035	12.00~14.00	≤0.60				
4Cr13	GB 1220—1992	0.36~0.45	≤0.60	≤0.80	≤0.035	≤0.035	12.00~14.00	≤0.60				
1Cr15Ni36W3Ti	GB 1221—1975	≤0.12	≤0.80	1.00~2.00	≤0.030	≤0.030	14.00~16.00	34.00~38.00	Al 0.75~1.50	2.80~3.20	Ti 1.10~1.40	
0Cr17Ni7Al	GB 1221—1992	≤0.09	≤1.00	≤1.00	≤0.035	≤0.030	16.00~18.00	6.50~7.75	Nb 0.70~1.20	Ti 2.25~2.75	Al 0.40~1.00	
Inconel x-750	美国企业标准	≤0.08	≤0.50	≤1.00		Fe 5.00~9.00	14.00~17.00	≥70.00				≤0.50

附录 D 火力发电厂常用钢材的化学成分和力学性能

火力发电厂常用钢材的化学成分和力学性能见表 D.1。

表 D.1 火力发电厂常用钢材的化学成分和力学性能

序号	牌号	标准号	化学成分（质量分数，%）								
	钢号	标准号	C	Mn	Si	Cr	Mo	V	Ni	Ti	B
1	A3	GB 700	0.14~0.22	0.30~0.65	≤0.30	—	—	—	—	—	—
2	10	GB 3087	0.07~0.14	0.35~0.65	0.17~0.37	≤0.15	—	—	≤0.25	—	—
3	20	GB 3087	0.17~0.24	0.35~0.65	0.17~0.37	≤0.25	—	—	≤0.25	—	—
4	20G	GB 5310	0.17~0.24	0.35~0.65	0.17~0.37	—	—	—	—	—	—
5	22G	GB 713	≤0.26	0.60~0.90	0.17~0.37	—	—	—	—	—	—
6	25	GB 699	0.22~0.30	0.50~0.80	0.17~0.37	≤0.25	—	—	≤0.25	—	—
7	St35.8	DIN 17175	≤0.17	0.40~0.80	0.10~0.35	—	—	—	—	—	—
8	St45.8	DIN 17175	≤0.21	0.40~1.20	0.10~0.30	—	—	—	—	—	—
9	STPT38	JIS G3456	≤0.25	0.30~0.90	0.10~0.35	—	—	—	—	—	—
10	STPT42	JIS G3456	≤0.30	0.30~0.10	0.10~0.35	—	—	—	—	—	—
11	SB42	JIS G3103	≤0.24	≤0.90	0.15~0.30	—	—	—	—	—	—
12	SB46	JIS G3103	≤0.28	≤0.90	0.15~0.30	—	—	—	—	—	—
13	A53A	ASTM A53	0.25	0.95		—	—	—	—	—	—
14	A53B	ASTM A53	0.30	1.20		—	—	—	—	—	—
15	A672B70	ASTM A672	≤0.33	1.20	0.15~0.40	—	—	—	—	—	—
16	60	ASTM A515	0.24~0.31	≤0.90	0.15~0.40	—	—	—	—	—	—
17	65	ASTM A515	0.28~0.33	≤0.90	0.15~0.40	—	—	—	—	—	—
18	SA210 A-1	ASTM A210	≤0.27	≤0.93	≤0.10	—	—	—	—	—	—
19	SA210 C	ASTM A210	≤0.27	≤0.93	≥0.10	—	—	—	—	—	—
20	SA178 C	ASTM A178	≤0.35	≤0.80	—	—	—	—	—	—	—
21	SA178 D	ASTM A178	≤0.27	1.00~1.50	≥0.10	—	—	—	—	—	—

续表

序号	牌号		化学成分(质量分数,%)					常温力学性能*					分类号 DL/T 868—2004
	钢号	标准号	W	Nb	Cu	S	P	Re(MPa)	Rm(MPa)	A(%)	Akv(J)	HBW	
1	A3	GB 700	—	—	—	≤0.050	≤0.045	185~235	375~460	21~26	27		A-Ⅰ
2	10	GB 3087	—	—	≤0.25	≤0.035	≤0.035	196	333~490	24			A-Ⅰ
3	20	GB 3087	—	—	≤0.25	≤0.035	≤0.035	226	392~588	20			A-Ⅰ
4	20G	GB 5310	—	—	—	≤0.035	≤0.035	245	412~549	24	49		A-Ⅰ
5	22G	GB 713	—	—	—	≤0.035	≤0.035	265	420~560	24	59		A-Ⅰ
6	25	GB 699	—	—	≤0.25	≤0.035	≤0.035	275	450	23	71		A-Ⅰ
7	St35.8	DIN 17175	—	—	—	≤0.040	≤0.040	215~235	360~480				A-Ⅰ
8	St45.8	DIN 17175	—	—	—	≤0.040	≤0.040	235~255	410~520				A-Ⅰ
9	STPT38	JIS G3456	—	—	—	≤0.035	≤0.035	≥215	≥372				A-Ⅰ
10	STPT42	JIS G3456	—	—	—	≤0.035	≤0.035	≥245	≥412				A-Ⅰ
11	SB42	JIS G3103	—	—	—	≤0.040	≤0.035	≥225	412~549				A-Ⅰ
12	SB46	JIS G3103	—	—	—	≤0.040	≤0.035	≥245	451~588				A-Ⅰ
13	A53A	ASTM A53	—	—	—	≤0.045	≤0.05	≥205	≥330	标样折算≥20		—	A-Ⅰ
14	A53B	ASTM A53	—	—	—	≤0.045	≤0.05	≥240	≥415	标样折算≥20		—	A-Ⅰ
15	A672B70	ASTM A672	—	—	—	≤0.035	≤0.035	≥260	485~620	≥17			A-Ⅰ
16	60	ASTM A515	—	—	—	≤0.040	≤0.035	≥220	415~550	≥25			A-Ⅰ
17	65	ASTM A515	—	—	—	≤0.040	≤0.035	≥240	450~585	≥23			A-Ⅰ
18	SA210 A-1	ASTM A210	—	—	—	≤0.058	≤0.048	≥255	≥414	≥22			A-Ⅰ
19	SA210 C	ASTM A210	—	—	—	≤0.035	≤0.035	≥275	≥485	≥30		≤179	A-Ⅰ
20	SA178 C	ASTM A178	—	—	—	≤0.060	≤0.050	≥255	≥414	≥30			A-Ⅰ
21	SA178 D	ASTM A178	—	—	—	≤0.015	≤0.030	≥275	≥485	≥30		—	A-Ⅰ

续表

| 序号 | 牌号 | | 化学成分(质量分数,%) | | | | | | | | |
	钢号	标准号	C	Mn	Si	Cr	Mo	V	Ni	Ti	B
22	SA106 B	ASTM A106	≤0.30	0.29~1.06	≥0.10	—	—	—	—	—	—
23	SA106 C	ASTM A106	≤0.35	0.29~1.06	≥0.10	—	—	—	—	—	—
24	SB49	JIS G3103	≤0.31	≤0.90	0.15~0.30	—	—	—	—	—	—
25	STPT49	JIS G3456	≤0.33	0.30~1.0	0.10~0.35	—	—	—	—	—	—
26	12Mng	GB 713	≤0.16	1.10~1.50	0.20~0.60	—	—	—	—	—	—
27	16Mng	GB 713	0.12~0.20	1.20~1.60	0.20~0.60	—	—	—	—	—	—
28	15MnSi	PTM-1C-89	0.12~0.18	0.90~1.30	0.70~1.00	≤0.30	—	—	0.25	—	—
29	16MnR	GB 6654	≤0.20	0.12~1.60	0.20~0.60	—	—	—	—	—	—
30	17Mn4	DIN 17155/1	0.14~0.20	0.90~1.20	0.20~0.40	—	—	—	—	—	—
31	19Mn5	DIN 17175	0.17~0.22	1.00~1.30	0.30~0.60	≤0.30	—	—	—	—	—
32	SA234-WPC	ASTM A234	≤0.35	0.29~1.06	≥0.10	—	—	—	—	—	—
33	SA234-WPB	ASTM A234	≤0.30	0.29~1.06	≥0.10	—	—	—	—	—	—
34	15MnVg	GB 713	0.10~0.18	1.20~1.60	0.20~0.50	—	—	0.04~0.12	—	—	—
35	15MnVR	GB 6654	≤0.18	1.20~1.60	0.20~0.60	—	—	0.04~0.12	—	—	—
36	20MnMo	JB 755	0.17~0.23	1.10~1.40	0.17~0.37	—	0.20~0.35	—	—	—	—
37	15MnMoV	JB 755	0.12~0.18	1.30~1.60	0.17~0.37	—	0.04~0.65	0.05~0.15	—	—	—
38	14MnMoVg	GB 713	0.10~0.18	1.20~1.60	0.20~0.50	—	0.40~0.65	0.05~0.15	—	—	—
39	18MnMoNbg	GB 713	0.17~0.23	1.35~1.65	0.17~0.37	—	0.45~0.65	—	—	—	—
40	15NiCuMoNb5	DIN 17175	≤0.17	0.80~1.20	0.25~0.50	—	0.25~0.40	—	1.00~1.30	—	—
41	15Mo3	DIN 17155/2	0.12~0.20	0.50~0.70	0.15~0.35	—	0.25~0.35	—	—	—	—
42	SA204	ASTM A204	≤0.18	≤0.90	0.15~0.40	—	0.41~0.64	—	—	—	—
43	SA209 T1	ASTM A209	0.10~0.20	0.30~0.80	0.10~0.50	—	0.44~0.65	—	—	—	—
44	P1	ASTM A335	0.10~0.20	0.30~0.80	0.10~0.50	—	0.44~0.65	—	—	—	—
45	SA182 F1	ASTM A182	≤0.28	0.60~0.90	0.15~0.35	—	0.44~0.65	—	—	—	—
46	SB46M	JIS G3103	≤0.18	≤0.90	0.15~0.30	—	0.45~0.60	—	—	—	—
47	STBA12	JIS G3462	0.10~0.20	0.30~0.80	0.10~0.50	—	0.45~0.65	—	—	—	—

续表

序号	牌号		化学成分（质量分数，%）					常温力学性能*					分类号 DL/T 868—2004
	钢号	标准号	W	Nb	Cu	S	P	Re(MPa)	Rm(MPa)	A(%)	Akv(J)	HBW	
22	SA106 B	ASTM A106	—	—	—	≤0.058	≤0.048	≥240	≥415	≥22		—	A-I
23	SA106 C	ASTM A106	—	—	—	≤0.058	≤0.048	≥275	≥485	≥20			A-I
24	SB49	JIS G3103	—	—	—	≤0.040	≤0.035	≥265	480~617				A-I
25	STPT49	JIS G3456	—	—	—	≤0.035	≤0.035	≥274	≥480				A-I
26	12Mng	GB 713	—	—	—	≤0.035	≤0.035	275~295	430~590	19~21	59		A-II
27	16Mng	GB 713	—	—	—	≤0.035	≤0.035	245~345	440~655	18~21	59		A-II
28	15MnSi	PTM-1C-89	—	—	0.20	≤0.025	≤0.035	≥294.3	≥490.5	≥18	58		A-II
29	16MnR	GB 6654	—	—	—	≤0.035	≤0.035	265~345	450~655	18~21	27		A-II
30	17Mn4	DIN 17155/1	—	—	—	≤0.050	≤0.050	274~284	460~548				A-II
31	19Mn5	DIN 17175	—	—	—	≤0.040	≤0.040	300~310	510~610	19			A-II
32	SA234-WPC	ASTM A234	—	—	—	≤0.058	≤0.050	≥275	485~655	≥17	—	≤197	A-II
33	SA234-WPB	ASTM A234	—	—	—	≤0.058	≤0.050	≥240	415~585	≥17	—	≤197	A-II
34	15MnVg	GB 713	—	—	—	≤0.035	≤0.035	335~390	490~675	17~18	59		A-II
35	15MnVR	GB 6654	—	—	—	≤0.035	≤0.035	335~390	490~675	17~18	34		A-II
36	20MnMo	JB 755	—	—	—	≤0.035	≤0.035	353~372	370~529	18		149~217	A-II
37	15MnMoV	JB 755	—	—	—	≤0.035	≤0.035	441	588	17		156~228	A-III
38	14MnMoVg	GB 713	—	—	—	≤0.035	≤0.040	490	635	16			A-III
39	18MnMoNbg	GB 713	—	0.025~0.050	—	≤0.035	≤0.040	440~510	590~635	16~17	≥34		A-III
40	15NiCuMoNb5	DIN 17175	—	0.020	0.50~0.80	≤0.040	≤0.040	≥440	610~700	≥20		—	A-III
41	15Mo3	DIN 17155/2	—	—	—	≤0.040	≤0.040	265~274	431~519	23			B-I
42	SA204	ASTM A204	—	—	—	≤0.040	≤0.035	255	450~585	22			B-I
43	SA209 T1	ASTM A209	—	—	—	≤0.045	≤0.045	207	378	22		≤146	B-I
44	P1	ASTM A335	—	—	—	≤0.045	≤0.045	207	379				B-I
45	SA182 F1	ASTM A182	—	—	—	≤0.015	≤0.030	≥275	≥485	≥20		143~192	B-I
46	SB46M	JIS G3103	—	—	—	≤0.040	≤0.035	255	451~588				B-I
47	STBA12	JIS G3462	—	—	—	≤0.035	≤0.035	206	382				B-I

续表

序号	牌号 钢号	标准号	C	Mn	Si	Cr	Mo	V	Ni	Ti	B
			化学成分(质量分数,%)								
48	STBA13	JIS G3462	0.15~0.25	0.30~0.80	0.10~0.50	—	0.45~0.65	—	—	—	—
49	STPA20	JIS G3458	0.10~0.20	0.30~0.80	0.10~0.50	—	0.45~0.65	—	—	—	—
50	WCB	ASTM A216	≤0.30	≤1.00	≤0.60	≤0.50	≤0.20	≤0.03	≤0.50	—	—
51	WCC	ASTM A216	≤0.25	≤1.20	≤0.60	≤0.50	≤0.20	≤0.03	≤0.50	—	—
52	12CrMo	GB 5310	0.08~0.15	0.40~0.70	0.17~0.37	0.40~0.70	0.40~0.55	—	—	—	—
53	P2	ASTM A335	0.10~0.20	0.30~0.61	0.10~0.30	0.50~0.81	0.44~0.65	—	—	—	—
54	12CrMoV	GB 3077	0.08~0.15	0.40~0.70	0.17~0.37	0.30~0.60	0.25~0.35	0.15~0.30	—	—	—
55	15CrMo	GB 5310	0.12~0.18	0.40~0.70	0.17~0.37	0.80~1.10	0.40~0.55	—	—	—	—
56	SA234-WP11 1类	ASTM A234	0.05~0.15	0.30~0.60	0.50~1.00	1.00~1.50	0.44~0.65	—	—	—	—
57	SA234-WP12 1类	ASTM A234	0.05~0.20	0.30~0.80	≤0.60	0.80~1.25	0.44~0.65	—	—	—	—
58	12Cr1MoV	GB 5310	0.08~0.15	0.40~0.70	0.17~0.37	0.90~1.20	0.44~0.65	0.15~0.30	—	—	—
59	ZG15Cr1MoV	JB 2640	0.14~0.20	0.40~0.70	0.17~0.37	1.20~1.70	1.00~1.20	0.20~0.40	—	—	—
60	ZG20CrMoV	JB 2640	0.18~0.25	0.40~0.70	0.17~0.37	0.90~1.20	0.50~0.70	0.20~0.30	—	—	—
61	T11	ASTM A213	≤0.15	0.30~0.60	0.50~1.00	1.00~1.50	0.44~0.65	—	—	—	—
62	P11	ASTM A335	≤0.15	0.30~0.60	0.50~1.00	1.00~1.50	0.44~0.65	—	—	—	—
63	P12	ASTM A335	≤0.15	0.30~0.61	≤0.50	0.80~1.25	0.44~0.65	—	—	—	—
64	WC6	ASTM A217	≤0.20	0.50~0.80	≤0.60	1.00~1.50	0.45~0.65	—	≤0.50	—	—
65	STBA20	JIS G3462	0.10~0.20	0.30~0.60	0.10~0.50	0.50~0.80	0.40~0.65	—	—	—	—
66	STPA20	JIS G3458	0.10~0.20	0.30~0.60	0.10~0.50	0.50~0.80	0.40~0.65	—	—	—	—
67	STBA22	JIS G3462	≤0.15	0.30~0.60	≤0.50	0.80~1.25	0.45~0.65	—	—	—	—
68	STPA22	JIS G3458	≤0.15	0.30~0.60	≤0.50	0.80~1.25	0.45~0.65	—	—	—	—
69	STBA23	JIS G3462	≤0.15	0.30~0.60	0.50~1.00	1.00~1.50	0.45~0.65	—	—	—	—
70	STPA23	JIS G3458	≤0.15	0.30~0.60	0.50~1.00	1.00~1.50	0.45~0.65	—	≤0.50	—	—
71	SCPH21	JIS G5151	≤0.20	0.50~0.80	≤0.60	1.00~1.50	0.45~0.65	—	—	—	—
72	13CrMo44	DIN 17175	0.10~0.18	0.40~0.70	0.10~0.35	0.70~1.10	0.45~0.65	—	—	—	—
73	14MoV63	DIN 17175	0.10~0.18	0.40~0.70	0.10~0.35	0.30~0.60	0.50~0.70	0.22~0.32	—	—	—

续表

序号	牌号		化学成分(质量分数,%)					常温力学性能*					分类号 DL/T 868—2004
	钢号	标准号	W	Nb	Cu	S	P	Re(MPa)	Rm(MPa)	A(%)	A_{kv}(J)	HBW	
48	STBA13	JIS G3462	—	—	—	≤0.035	≤0.035	206	412		—	—	B-I
49	STPA20	JIS G3458	—	—	—	≤0.035	≤0.035	206	382		—	—	B-I
50	WCB	ASTM A216	—	—	≤0.30	≤0.045	≤0.040	≥250	485~655	≥22	—	—	B-I
51	WCC	ASTM A216	—	—	≤0.30	≤0.045	≤0.040	≥275	485~655	≥22	—	—	B-I
52	12CrMo	GB 5310	—	—	—	≤0.035	≤0.035	206	412~559	21	69		B-I
53	P2	ASTM A335	—	—	—	≤0.045	≤0.045	207	379	22			B-I
54	12CrMoV	GB 3077	—	—	—	≤0.035	≤0.035	225	440	22			B-I
55	15CrMo	GB 5310	—	—	—	≤0.035	≤0.035	235	441~638	21			B-I
56	SA234-WP111类	ASTM A234	—	—	—	≤0.030	≤0.030	≥205	415~585	≥22		≤197	B-I
57	SA234-WP121类	ASTM A234	—	—	—	≤0.045	≤0.045	≥205	415~585	≥22		≤197	B-I
58	12Cr1MoV	GB 5310	—	—	—	≤0.035	≤0.035	255	471~638	21			B-I
59	ZG15CrMo1V	JB 2640	—	—	—	≤0.030	≤0.030	343	490	14			B-I
60	ZG20CrMoV	JB 2640	—	—	—	≤0.030	≤0.030	313	490	14		≤163	B-I
61	T11	ASTM A213	—	—	—	≤0.030	≤0.030	207	413	30			B-I
62	P11	ASTM A335	—	—	—	≤0.030	≤0.030	207	413	22			B-I
63	P12	ASTM A335	—	—	—	≤0.045	≤0.045	207	413	22			B-I
64	WC6	ASTM A217	≤0.10	—	≤0.50	≤0.035	≤0.035	275	482~655	20			B-I
65	STBA20	JIS G3462	—	—	—	≤0.035	≤0.035	206	412				B-I
66	STPA20	JIS G3458	—	—	—	≤0.035	≤0.035	206	412				B-I
67	STBA22	JIS G3462	—	—	—	≤0.035	≤0.035	206	412				B-I
68	STPA22	JIS G3458	—	—	—	≤0.035	≤0.035	206	412				B-I
69	STBA23	JIS G3462	—	—	—	≤0.030	≤0.030	206	412				B-I
70	STPA23	JIS G3458	—	—	—	≤0.030	≤0.030	206	412				B-I
71	SCPH21	JIS G5151	≤0.10	—	≤0.50	≤0.040	≤0.040	274	480				B-I
72	13CrMo44	DIN 17175	—	—	—	≤0.035	≤0.035	280~290	440~590	22			B-I
73	14MoV63	DIN 17175	—	—	—	≤0.035	≤0.035	310~319	460~610	20			B-I

续表

序号	牌号		化学成分(质量分数,%)								
	钢号	标准号	C	Mn	Si	Cr	Mo	V	Ni	Ti	B
74	A691-1.1/4Cr	ASTM A691	0.05~0.17	0.40~0.65	0.50~0.80	1.00~1.50	0.45~0.65	—	—	—	—
75	SA213-T2	ASTM A213	0.10~0.20	0.30~0.61	0.10~0.30	0.50~0.81	0.44~0.65	—	—	—	—
76	SA182-F2	ASTM A182	0.05~0.21	0.30~0.80	0.10~0.60	0.50~0.81	0.44~0.65	—	—	—	—
77	SA182-F12	ASTM A182	0.05~0.15	0.30~0.60	≤0.50	0.80~1.25	0.44~0.65	—	—	—	—
78	T11	ASTM A213	0.05~0.15	0.30~0.60	0.50~1.00	0.50~1.00	1.00~1.50	—	—	—	—
79	SA335-P11	ASTM A335	0.05~0.15	0.30~0.60	0.50~1.00	1.00~1.50	0.44~0.65	—	—	—	—
80	T12	ASTM A213	0.05~0.15	0.30~0.61	≤0.50	0.80~1.25	0.44~0.65	—	—	—	—
81	F12	ASTM A336	0.10~0.20	0.30~0.80	0.10~0.60	0.80~1.10	0.45~0.65	—	—	—	—
82	12Cr2Mo	GB 5310	0.08~0.15	0.40~0.70	≤0.50	2.00~2.50	0.90~1.20	—	—	—	—
83	T23	ASTM A213	0.04~0.10	0.10~0.60	≤0.50	1.90~2.60	0.05~0.30	0.20~0.30	Al:≤0.03	—	0.000 5~0.006 0
84	P22	ASTM A335	≤0.15	0.30~0.60	≤0.50	1.90~2.60	0.87~1.13	—	—	—	—
85	SA182-F22	ASTM A182	0.05~0.15	0.30~0.60	≤0.50	2.00~2.50	0.87~1.13	—	—	—	—
86	STPA24	JIS G5151	≤0.15	0.30~0.60	≤0.50	1.90~2.60	0.87~1.13	—	—	—	—
87	10CrMo910	DIN 17175	0.08~0.15	0.40~0.70	≤0.50	2.00~2.50	0.90~1.20	—	—	—	—

序号	牌号	标准									
88	12Cr2MoWVTiB	GB 5310	0.08~0.15	0.45~0.65	0.45~0.75	1.60~2.10	0.50~0.65	0.28~0.42	—	0.08~0.18	≤0.008
89	12Cr3MoVSiTiB	GB 5310	0.09~0.15	0.50~0.80	0.60~0.90	2.50~3.00	1.00~1.20	0.25~0.35	—	0.22~0.38	0.005~0.011
90	WC9	ASTM A217	≤0.18	0.40~0.70	≤0.60	2.00~2.75	0.90~1.20	—	≤0.50	—	—
91	10Cr5MoWVTiB		0.07~0.12	0.45~0.70	0.40~0.70	4.50~6.00	0.48~0.65	0.20~0.33	—	0.16~0.24	0.008~0.014
92	1Cr5Mo	JB 755	≤0.15	≤0.60	≤0.50	4.00~6.00	0.40~0.60	—	≤0.60	—	—
93	STPA25	JIS G3458	≤0.15	0.30~0.60	≤0.50	4.00~6.00	0.45~0.65	—	—	—	—
94	P5	ASTM A335	≤0.15	0.30~0.60	≤0.50	4.00~6.00	0.45~0.65	—	—	—	
95	T91	ASTM A213	0.08~0.12	0.30~0.60	0.20~0.50	8.00~9.50	0.85~1.05	0.18~0.25	≤0.4	N: 0.03~0.07	Cb: 0.06~0.10
96	T92	ASTM A213	0.07~0.13	0.30~0.60	≤0.50	8.50~9.50	0.30~0.60	0.15~0.25	≤0.4	N: 0.03~0.07	0.001~0.006
97	P9	ASTM A335	≤0.15	0.30~0.60	0.25~1.00	8.00~10.00	0.90~1.10	—	—	—	—
98	P91	ASTM A335	0.08~0.12	0.30~0.60	0.20~0.50	8.00~9.50	0.85~1.05	0.18~0.25	≤0.40	N: 0.03~0.07	Cb: 0.06~0.10
99	P92	ASTM A335	0.07~0.13	0.03~0.60	≤0.50	8.50~9.50	0.30~0.60	0.15~0.25	≤0.4	N: 0.03~0.07	0.001~0.006

续表

序号	牌号 钢号	标准号	化学成分(质量分数,%) W	Nb	Cu	S	P	常温力学性能* Re(MPa)	Rm(MPa)	A(%)	Akv(J)	HBW	分类号 DL/T 868—2004
74	A691-1.1/4Cr	ASTM	—	—	—	≤0.035	≤0.035	≥240	415~585	≥19	—	≤201	B-I
75	SA213-T2	ASTM	—	—	—	≤0.025	≤0.025	≥220	≥415	≥30	—	≤217	B-I
76	SA182-F2	ASTM	—	—	—	≤0.045	≤0.045	≥275	≥485	≥20	—	143~192	B-I
77	SA182-F12	ASTM	—	—	—	≤0.045	≤0.045	≥205	≥415	≥20	—	121~174	B-I
78	T11	ASTM	—	—	—	≤0.025	≤0.025	≥220	≥415	≥30	—	≤163	B-I
79	SA335-P11	ASTM	—	—	—	≤0.025	≤0.025	≥205	≥415	纵≥30	—	—	B-I
80	T12	ASTM	—	—	—	≤0.025	≤0.025	≥220	≥415	≥30	—	≤163	P-I
81	F12	ASTM	—	—	—	≤0.025	≤0.025	≥275	485~660	≥20	—	—	B-I
82	12Cr2Mo	GB 5310	1.45~1.75	Cb:0.02~0.08	N:≤0.03	≤0.035	≤0.035	280	450~600	20	—	—	B-I
83	T23	ASTM	—	—	—	≤0.010	≤0.030	400	510	20	—	220	B-I
84	P22	ASTM	—	—	—	≤0.030	≤0.030	207	413	22	—	—	B-I
85	SA182-F22	ASTM	—	—	—	≤0.040	≤0.040	≥205	≥415	≥20	—	≤170	B-I
86	STPA24	JIS G5151	—	—	—	≤0.030	≤0.030	206	412	—	—	—	B-I
87	10CrMo910	DIN 17175	—	—	—	≤0.035	≤0.035	269~280	450~600	—	—	—	B-I

序号	钢号	标准	(元素)	(Cb)	(其他)	P	S	σ_s	σ_b	δ		HB	级别
88	12Cr2MoWVTiB	GB 5310	0.30~0.55	—	—	≤0.035	≤0.035	343	540~736	18			B-II
89	12Cr3MoVSiTiB	GB 5310	—	—	—	≤0.035	≤0.035	441	608~804	16			B-II
90	WC9	ASTM	≤0.10	—	≤0.50	≤0.045	≤0.040	275	482~655	20			B-III
91	10Cr5MoWVTiB	JB 755	—	—	—	≤0.030	≤0.030	207	413	22			B-III
92	1Cr5Mo	JIS G3458	—	—	—	≤0.035	≤0.035	392	588	18		156~241	B-III
93	STPA25	ASTM	—	—	—	≤0.030	≤0.030	≥206	≥412				B-III
94	P5	ASTM	—	—	—	≤0.030	≤0.030	207	413	22			B-III
95	T91	ASTM	—	—	Al≤0.04	≤0.010	≤0.020	≥415	≥585	≥20	—	≤250	B-III
96	T92	ASTM	1.50~2.00	Cb:0.04~0.09	Al≤0.04	≤0.010	≤0.020	≥440	≥620	≥20	—	≤250	B-III
97	P9	ASTM	—	—	—	≤0.030	≤0.030	207	413	22			B-III
98	P91	ASTM	—	—	Al≤0.04	≤0.010	≤0.020	≥415	≥585	纵≥20	—	—	B-III
99	P92	ASTM	1.5~2.0	≤0.04~0.09	Al≤0.04	≤0.010	≤0.020	≥440	≥620	纵≥20	—	—	B-III

续表

| 序号 | 牌号 | | 化学成分(质量分数,%) | | | | | 常温力学性能* | | | | | 分类号 DL/T 868—2004 |
	钢号	标准号	W	Nb	Cu	S	P	Re(MPa)	Rm(MPa)	A(%)	Akv(J)	HBW	
100	F91	ASTM A336	—	0.06~0.10	Al≤0.04	≤0.025	≤0.025	≥415	585~760	≥20	—	—	B-Ⅲ
101	STPA26	JIS G3458	—	—	—	≤0.030	≤0.030	≥206	≥412	≥20	—	—	B-Ⅲ
102	X20CrMoV121	DIN 17175	—	—	—	≤0.030	≤0.030	≥490	590~640	≥17	34	—	B-Ⅲ
103	1Cr13	GB 1220	—	—	—	≤0.030	≤0.030	≥343	≥539	≥25	98.1	≤159	C-Ⅰ
104	0Cr13Al	GB 1220	—	—	—	≤0.030	≤0.030	≥177	≥412	≥20	98.1	≤183	C-Ⅱ
105	1Cr18Ni9	GB 1220	—	—	—	≤0.030	≤0.035	≥206	≥520	≥40	—	≤187	C-Ⅲ
106	0Cr23Ni13	GB 1220	—	—	—	≤0.030	≤0.035	≥206	≥520	≥40	—	≤187	C-Ⅲ
107	SUS304	JIS G3459	—	—	—	≤0.030	≤0.040	≥210	≥530	≥30	—	—	C-Ⅲ
108	SA312-TP304	ASME	—	—	—	≤0.030	≤0.040	≥205	≥515	纵≥35	—	—	C-Ⅲ
109	SA312-TP316	ASME	—	—	—	≤0.030	≤0.040	≥205	≥515	纵≥35	—	—	C-Ⅲ
110	SA213-TP347H	ASME	—	Nb+Ta ≤8×C	—	≤0.030	≤0.040	≥205	≥515	纵≥35	—	—	C-Ⅲ
111	A182-F304	ASTM A182	—	—	N≤0.10	≤0.030	≤0.045	≥205	≥515	≥30	—	—	C-Ⅲ

* 根据 GB/T 228—2002《金属材料 室温拉伸试验方法》有关金属材料拉伸强度试验指标的规定,Re 为屈服强度(相当于 σ_s);Rm 为抗拉强度(相当于 σ_b);A 为断后伸长率(相当于 δ_5)。

附录 E　常用焊条熔敷金属的化学成分和常温力学性能

常用焊条熔敷金属的化学成分和常温力学性能见表 E.1。

表 E.1　常用焊条熔敷金属的化学成分和常温力学性能

| 序号 | 型号 | 焊条型号 | | 化学成分（质量分数，%） | | | | | | | |
		标准号	原牌号	C	Mn	Si	Cr	Mo	V	Nb	B
1	E4303	GB 5117	J422	≤0.12	0.30~0.60	≤0.25	—	—	—	—	—
2	E4301	GB 5117	J423	≤0.12	0.35~0.60	≤0.20	—	—	—	—	—
3	E4320	GB 5117	J424	≤0.12	0.50~0.90	≤0.15	—	—	—	—	—
4	E4316	GB 5117	J426	≤0.12	0.50~0.90	≤0.50	—	—	—	—	—
5	E4315	GB 5117	J427	≤0.12	0.50~0.90	≤0.50	—	—	—	—	—
6	E5001	GB 5117	J503	≤0.12	0.50~1.00	≤0.30	—	—	—	—	—
7	E5016	GB 5117	J506	≤0.12	0.80~1.40	≤0.65	—	—	—	—	—
8	E5015	GB 5117	J507	≤0.12	0.80~1.40	≤0.70	—	—	—	—	—
9	E6015D1	GB 5118	J607	≤0.12	1.25~1.74	0.60	—	0.25~0.45	—	—	—
10	E7015D2	GB 5118	J707	0.15	1.65~2.00	0.60	—	0.25~0.45	—	—	—
11			R102	0.12	0.90	0.60	—	0.40~0.65	—	—	—
12	E5015A1	GB 5118	R107	0.12	0.90	0.60	—	0.40~0.65	—	—	—
13	E5503B1	GB 5118	R202	0.05~0.12	0.90	0.60	0.40~0.65	0.40~0.65	—	—	—
14	E5515B1	GB 5118	R207	0.05~0.12	0.90	0.60	0.40~0.65	0.40~0.65	—	—	—
15	E5503B2	GB 5118	R302	≤0.12	0.50~0.90	≤0.50	0.70~1.10	0.40~0.70	—	—	—
16	E5515B2	GB 5118	R307	0.05~0.12	0.90	0.60	1.00~1.50	0.40~0.65	—	—	—
17	E5503B2V	GB 5118	R312	≤0.12	0.50~0.90	≤0.50	0.80~1.20	0.40~0.70	0.10~0.35	—	—

续表

序号	焊条型号 型号	标准号	原牌号	化学成分(质量分数,%) W	Ni	Re	其他	常温力学性能 Re(MPa)	A(%)	Akv(J)	分类号 DL/T 868—2004
1	E4303	GB 5117	J422	—	—	—	S≤0.035, P≤0.050	412	≥18	78.4	A-I
2	E4301	GB 5117	J423	—	—	—	S≤0.035, P≤0.050	412	≥18	78.4	A-I
3	E4320	GB 5117	J424	—	—	—	S≤0.035, P≤0.050	412	≥18	78.4	A-I
4	E4316	GB 5117	J426	—	—	—	S≤0.035, P≤0.040	412	≥22	137.2	A-I
5	E4315	GB 5117	J427	—	—	—	S≤0.035, P≤0.040	412	≥22	137.2	A-I
6	E5001	GB 5117	J503	—	—	—	S≤0.035, P≤0.050	490	≥16	58.8	A-II
7	E5016	GB 5117	J506	—	—	—	S≤0.035, P≤0.040	490	≥20	127.4	A-II
8	E5015	GB 5117	J507	—	—	—	S≤0.035, P≤0.040	490	≥20	127.4	A-II
9	E6015D1	GB 5118	J607	—	—	—	S≤0.035, P≤0.035	588	≥15		A-II
10	E7015D2	GB 5118	J707	—	—	—	S≤0.035, P≤0.035	610	≥15		A-II
11			R102	—	—	—	S≤0.035, P≤0.040	490	≥20		B-I
12	E5015A1	GB 5118	R107	—	—	—	S≤0.035, P≤0.035	490	≥22		B-I
13	E5503B1	GB 5118	R202	—	—	—	S≤0.035, P≤0.035	540	≥16		B-I
14	E5515B1	GB 5118	R207	—	—	—	S≤0.035, P≤0.035	540	≥17		B-I
15	E5503B2	GB 5118	R302	—	—	—	S≤0.035, P≤0.040	490	≥16		B-I
16	E5515B2	GB 5118	R307	—	—	—	S≤0.035, P≤0.035	540	≥17		B-I
17	E5503B2V	GB 5118	R312	—	—	—	S≤0.035, P≤0.040	490	≥16		B-I

续表

序号	焊条型号 型号	焊条型号 标准号	焊条型号 原牌号	化学成分（质量分数，%） C	Mn	Si	Cr	Mo	V	Nb	B
18	E5515B2V	GB 5118	R317	0.05~0.12	0.90	0.60	1.00~1.50	0.40~1.65	0.10~0.35	—	—
19	E6003B3	GB 5118	R402	0.05~0.12	0.90	0.60	2.00~2.50	0.90~1.20	—	—	—
20	E6015B3	GB 5118	R407	0.05~0.12	0.90	0.60	2.00~2.50	0.90~1.20	—	—	—
21	E5515B3VNb	GB 5118	R417	0.05~0.12	0.90	0.60	2.40~3.00	0.70~1.00	0.25~0.50	0.35~0.65	—
22	E5515B3VWB	GB 5118	R347	0.05~0.12	1.00	0.60	1.50~2.50	0.30~0.80	0.20~0.60	—	0.001~0.003
23	E5515B2VW	GB 5118	R327	0.05~0.12	0.70~1.10	0.60	1.00~1.50	0.70~1.00	0.20~0.35	—	—
24	E1-5MoV-15	GB/T 983	R507	0.12	0.50~0.90	0.50	4.5~5.00	0.40~0.70	0.10~0.35	—	—
25	E1-9Mo-15	GB/T 983	R707	0.10	1.00	0.90	8.0~10.5	0.85~1.20	—	—	—
26			R717	0.06~0.12	0.60~1.20	≤0.50	8.0~9.5	0.80~1.10	0.15~0.30	0.02~0.08	—
27	E2-11MoVNi-15	GB/T 983	R807	0.19	0.50~1.00	0.50	9.5~11.5	0.60~0.90	0.20~0.40	—	—
28	E2-11MoVNiW-15	GB/T 983	R817	0.19	0.50~1.00	0.50	9.5~12.0	0.80~1.10	0.20~0.40	—	—
29		GB/T 983	R827	0.15~0.21	0.50~1.00	≤0.50	9.50~12.00	0.80~1.10	0.20~0.40	—	—
30	E1-13-15	GB/T 983	G207	0.12	1.00	0.90	11.0~13.50	0.50	—	—	—
31		GB/T 983	G217	≤0.12	≤1.00	≤0.90	12.00~14.00	—	—	—	—
32	E0-19-10Nb-	GB/T 983	A132/A137	0.08	0.5~2.5	0.90	18.00~21.00	0.50	—	8×C%~1.00	—
33	E0-18-12Mo2-	GB/T 983	A202/A207	0.08	0.5~2.5	0.90	17.0~20.0	2.0~2.5	—	—	—
34	E1-23-13-	GB/T 983	A302/A307	0.15	0.5~2.5	0.90	22.0~25.0	0.5	—	—	—
35	E2-26-21-	GB/T 983	A402/A407	0.20	1.0~2.5	0.75	25.0~28.0	0.5	—	—	—
36	E1-16-25Mo6N	GB/T 983	A507	0.12	0.5~2.5	0.90	14.0~18.0	5.0~7.0	—	—	—
37	E410-××	GB/T 983	—	0.12	1.0	0.9	11.0~13.5	0.75	—	—	—
38	E430-××	GB/T 983	—	0.10	1.0	0.9	15.0~18.0	0.75	—	—	—

续表

序号	焊条型号			化学成分（质量分数，%）				常温力学性能			分类号 DL/T 868-2004
	型号	标准号	原牌号	W	Ni	Re	其他	Re(MPa)	A(%)	Akv(J)	
18	E5515B2V	GB 5118	R317	—	—	—	S≤0.035，P≤0.035	540	≥17		B-Ⅰ
19	E6003B3	GB 5118	R402	—	—	—	S≤0.035，P≤0.035	590	≥14		B-Ⅰ
20	E6015B3	GB 5118	R407	—	—	—	S≤0.035，P≤0.035	590	≥15		B-Ⅰ
21	E5515B3VNb	GB 5118	R417	—	—	—	S≤0.035，P≤0.035	540	≥17		B-Ⅰ
22	E5515B3VWB	GB 5118	R347	0.20~0.60	—	—	S≤0.035，P≤0.035	540	≥17		B-Ⅰ
23	E5515B2VW	GB 5118	R327	0.25~0.50	—	—	S≤0.035，P≤0.035	540	≥17		B-Ⅰ
24	E1-5MoV-15	GB/T 983	R507	—	—	Cu：0.50	S≤0.030，P≤0.035	540	≥14		B-Ⅲ
25	E1-9Mo-15	GB/T 983	R707	—	0.40	Cu：0.50	S≤0.030，P≤0.035	590	≥16		B-Ⅲ
26		GB/T 983	R717	—	0.40~1.00	—	S≤0.010，P≤0.020	≥590	≥16	≥47	B-Ⅲ
27	E2-11MoVNi-15	GB/T 983	R807	—	0.60~0.90	Cu：0.50	S≤0.030，P≤0.035	730	≥15		B-Ⅲ
28	E2-11MoVNi-15	GB/T 983	R817	0.40~0.70	0.40~1.10	Cu：0.50	S≤0.030，P≤0.035	730	≥15		B-Ⅲ
29		GB/T 983	R827	—	0.70~1.10	—	S≤0.035，P≤0.040				B-Ⅲ
30	E1-13-15	GB/T 983	G207	—	0.60	Cu：0.50	S≤0.030，P≤0.035	450	≥20		C-Ⅰ
31		GB/T 983	G217	—	≤0.60	—	S≤0.030，P≤0.040				C-Ⅰ
32	E0-19-10Nb-	GB/T 983	A132/A137	—	9.0~11.0	Cu：0.50	S≤0.030，P≤0.035	520	≥25		C-Ⅲ
33	E0-18-12Mo2-	GB/T 983	A202/A207	—	11.0~14.0	Cu：0.50	S≤0.030，P≤0.035	520	≥30		C-Ⅲ
34	E1-23-13-	GB/T 983	A302/A307	—	12.0~14.0	Cu：0.50	S≤0.030，P≤0.035	550	≥25		C-Ⅲ
35	E2-26-21-	GB/T 983	A402/A407	—	20.0~22.5	Cu：0.50	S≤0.030，P≤0.035	550	≥25		C-Ⅲ
36	E1-16-25Mo6N	GB/T 983	A507	—	22.0~27.0	Cu：0.50，N≥0.1	S≤0.030，P≤0.035	610	≥30		C-Ⅲ
37	E410-××	GB/T 983	—	—	0.70	—	S≤0.03，P≤0.04	450	≥20		C-Ⅲ
38	E430-××	GB/T 983	—	—	0.60	Cu：0.75	S≤0.03，P≤0.04	450	≥20		C-Ⅲ

附 录 F 常 用 焊 丝 的 化 学 成 分

常用焊丝的化学成分见表 F.1。

表 F.1 常用焊丝的化学成分

序号	牌号	标准号	C	Mn	Si	Cr	Mo	V	Ti	Nb	Ni	其他	S（不大于）	P（不大于）	备注
1	H08A	GB 1300—1977	≤0.10	0.30~0.55	≤0.03	≤0.20	—	—		—	≤0.30	—			
2	H08MnA	GB 1300—1977	≤0.10	0.80~1.10	≤0.07	≤0.20	—	—		—	≤0.30	—			
3	H08MnR	YB/Z 11—1976	≤0.10	1.00~1.30	0.10~0.30	—	—	—		—	—	稀土：0.10（加入量），Al：0.05（加入量）	0.030	0.030	
4	H08Mn2SiA		≤0.11	1.80~2.10	0.65~0.95	≤0.20	—	—		—	—	—			
5	H10Mn2		≤0.12	1.50~1.90	≤0.07	—	—	—		—	—	—			
6	H08CrMoA	GB 1300—1977	≤0.10	0.40~0.70	0.15~0.35	0.80~1.10	0.040~0.60	—		—	≤0.30	—	0.030	0.030	
7	H13CrMoA		0.11~0.16	0.40~0.70	0.15~0.35	0.80~1.00	0.040~0.60	—		—	≤0.30	—			
8	H08CrMoV		≤0.10	1.00~1.30	0.15~0.35	1.00~1.30	0.50~0.70	0.15~0.35		—	≤0.30	—			
9	H08CrMnSiMoVA	YB/Z 11—1976	≤0.10	1.20~1.50	0.60~0.90	0.95~1.25	0.50~0.70	0.20~0.40		—	≤0.25	—	0.030	0.030	
10	H08Cr2MoA	YB/Z 11—1976	≤0.10	0.40~0.70	0.15~0.35	2.00~2.50	0.90~1.20	—		—	≤0.25	—			

化学成分（质量分数，%）

续表

序号	牌号	标准号	化学成分（质量分数，%）										S（不大于）	P（不大于）	备注
			C	Mn	Si	Cr	Mo	V	Ti	Nb	Ni	其他			
11	H1Cr13		≤0.15	0.30~0.60	0.30~0.60	12.00~14.00			—		≤0.60	—	0.030		
12	H1Cr19Ni9		≤0.14	0.50~1.00		18.00~20.00					8.00~10.00			0.030	
13	H0Cr19Ni9Si2	GB1300—1977	≤0.06	1.00~2.00	2.00~2.75								0.020		
14	H1Cr19Ni9Ti		≤0.10		0.30~0.70				0.50~0.80			—	0.020		
15	H1Cr19Ni10Nb		≤0.09		0.30~0.80					1.20~1.50	9.00~11.00			0.030	
16	H1Cr25Ni13		≤0.12		0.30~0.70	23.00~26.00					12.00~14.00		0.020	0.030	
17	H1Cr25Ni20		≤0.15		0.20~0.50	24.00~27.00					17.00~20.00				
18	TIG-J50		0.05~0.12	1.20~1.50	0.60~0.85	—									
19	TIG-R31			0.75~1.05		1.10~14.00	0.45~0.65	0.20~0.35							
20	TIG-R40					2.20~2.50	0.95~1.25					Cu≤0.30			
21	TIG-R10	—		0.75~1.50	0.45~0.70	1.10~1.40	0.45~0.65								
22	TIG-R30			0.75~1.50											
23	TIG-R34		0.50~0.10	0.75~1.05	0.15~0.35	1.80~2.20	0.50~0.70	0.25~0.45		0.03~0.07	0.60~0.90	W:0.30~0.50 B:0.001~0.005 Cu≤0.30	0.025	0.025	
24	TIG-R71			0.80~1.20		8.50~9.50	0.80~1.10	0.15~1.30				Cu≤0.30			
25	TIG-G21		≤0.08	0.60~1.00	0.20~0.50	12.00~14.00	—		—	—	0.90~1.20				

注 表中数据仅供参考，相关参数以现行标准为准。

附录 G Cr、Mo、V、W、Ni、Ti、Mn 光谱彩色图谱

Cr 光谱彩色图谱如图 G.1～图 G.3 所示。

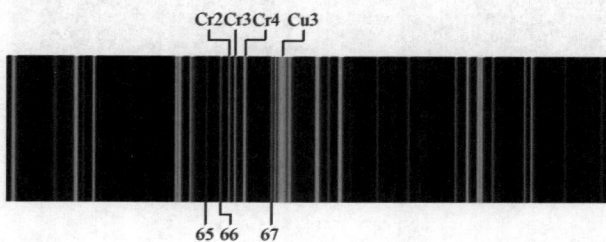

图 G.1 铬（一）组

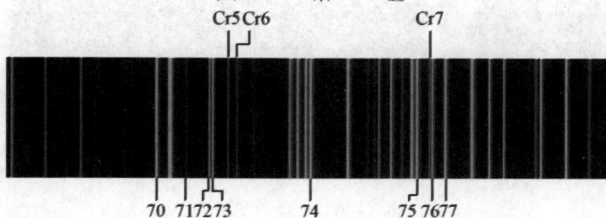

图 G.2 铬（二）组、铬（三）组

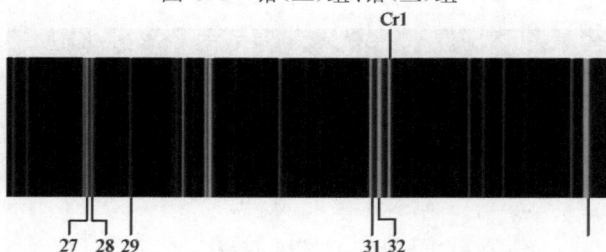

图 G.3 铬（四）组

Mo 光谱彩色图谱如图 G.4 和图 G.5 所示。

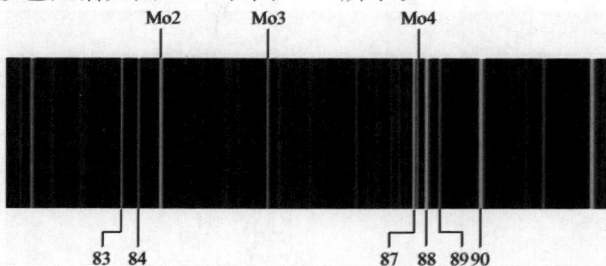

图 G.4 钼（一）组

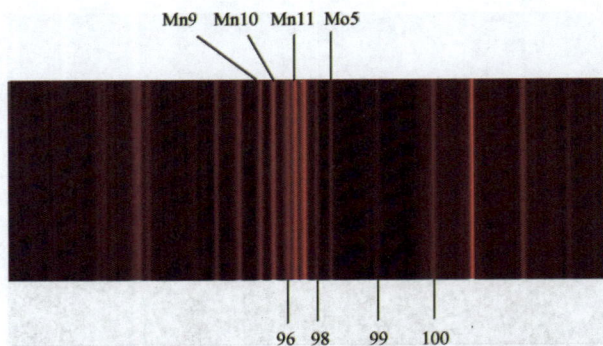

图 G.5　钼(二)组

V 光谱彩色图谱如图 G.6 和图 G.7 所示。

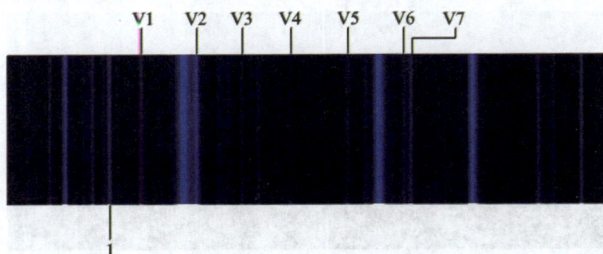

图 G.6　钒(一)组

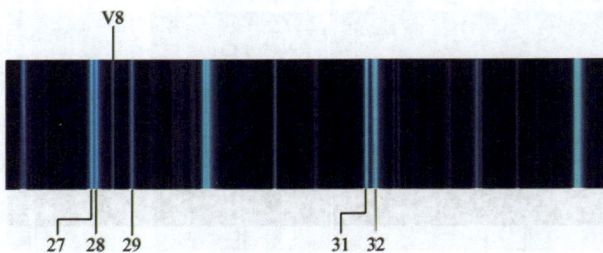

图 G.7　钒(二)组

W 光谱彩色图谱如图 G.8 和图 G.9 所示。

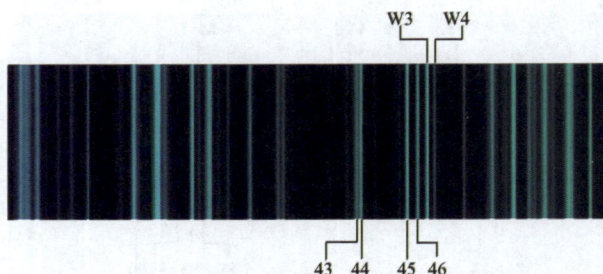

图 G.8　钨(一)组

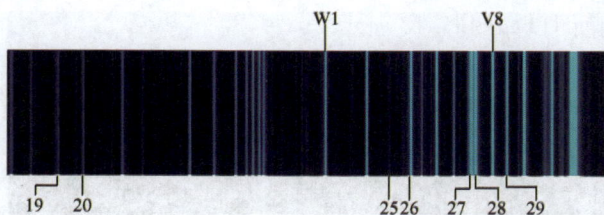

图 G.9　钨(二)组

Ni 光谱彩色图谱如图 G.10～图 G.12 所示。

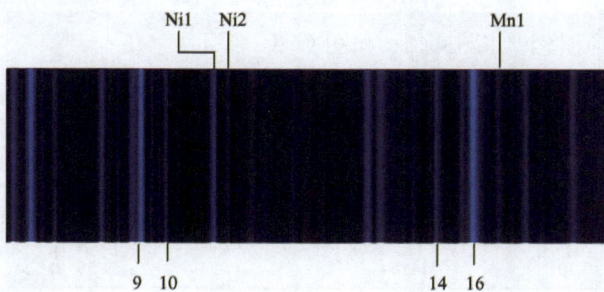

图 G.10　镍(一)组

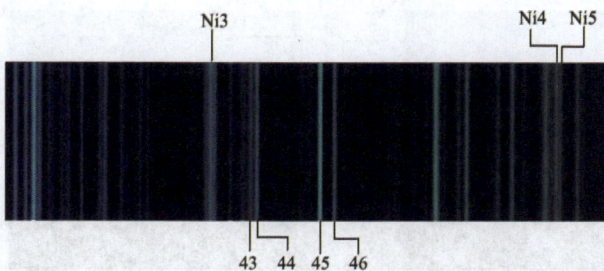

图 G.11　镍(二)组

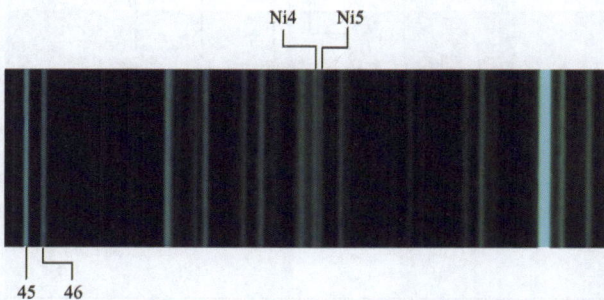

图 G.12　镍(三)组

Ti 光谱彩色图谱如图 G.13 所示。

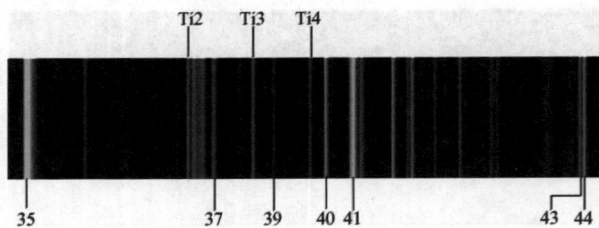

图 G.13　钛光谱彩色图谱

Mn 光谱彩色图谱如图 G.14 和图 G.15 所示。

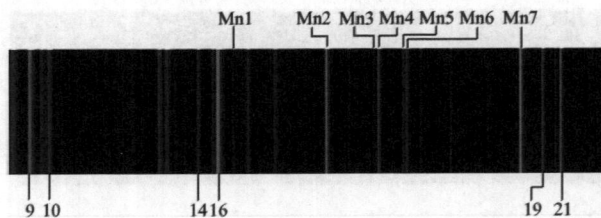

图 G.14　锰(一)组

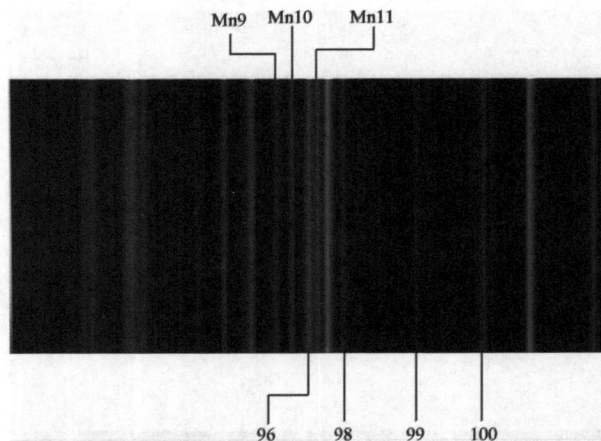

图 G.15　锰(二)组

参 考 文 献

[1] 孙汉文. 原子光谱分析. 北京：高等教育出版社，2002.

[2] 邱德仁. 原子光谱分析. 上海：复旦大学出版社，2002.

[3] 陈新坤. 原子发射光谱分析原理. 天津：天津科学技术出版社，1991.

[4] 张锐，黄碧霞，何友昭. 原子光谱分析. 北京：中国科学技术大学出版社，1991.

[5] 徐秋心. 实用发射光谱分析. 成都：四川科学技术出版社，1993.

[6] 李廷钧. 发射光谱分析. 北京：原子能出版社，1983.

[7] 高克成. 电厂金属材料. 北京：中国水利水电出版社，1996.

[8] 宋琳生. 电厂金属材料. 北京：水利电力出版社，1990.

[9] 火力发电厂金属材料手册编委会. 火力发电厂金属材料手册. 北京：中国电力出版社，2001.

[10] 杨富. 1000MW级超超临界火电机组锅炉用新型耐热钢的焊接. 中国电力，2005.

[11] 赵钦新，顾海澄，陆燕荪. 国外电站锅炉耐热钢的一些进展. 动力工程，1998.

[12] 杨冬，徐鸿. 浅议超超临界锅炉用耐热钢，锅炉制造，2006(2).

[13] 沈宁福. 新编金属材料手册. 北京：科学出版社，2003.